U0247348

数学原来可以这样学

[日] 野口哲典/著　　　刘慧　韩丽红/译

数学的センスが身につく練習帳

老师不会教的学习方法，孩子一学就开窍

湖南人民出版社　博集天卷
CS-BOOKY

自 序

>>>

我在日本的文化中心开设了题为"趣味算术，数学教室"的讲座，讲座的主要对象是小学生。

我开设这个讲座的目的是希望孩子们能爱上算术，哪怕只是一点儿也好。

为此，我尽量避免学校里那种教育模式，采用有点儿游戏性质的算术和数学教材教课。

本书是以"趣味算术，数学教室"讲座的内容为中心，总结编写而成的。

众所周知，在生活中，算术能力不可或缺。

但是，似乎有很多人认为中学时学的数学没有多大用处。

其实，学算术和数学就是为了培养能够解决问题的思考能力。

人们在生活中会遇到各种各样的问题，每当此时，我们需要依靠自己的能力理性地分析、解决这些问题，而这种基础能力可以从算术和数学中学到。

因此，算术和数学绝对不是无用的，相反，它们是锻炼我们生存能力的最重要的东西。

本书设置的场景是在家庭中，父亲通过与算术相关的话题，把数学常识教给上小学的儿子。

我们不要把目光仅仅停留在学校里的算术教育，不妨做做有关算术的游戏，思考一些能提高算术能力的问题。

本书中的内容，即便是算术、数学知识，孩子们都能在玩耍的同时掌握，这些内容有助于提高孩子们的计算能力和思维能力，而这两种能力正是算术和数学的基础。

但是，本书的内容属于小学水平，如果您数学基础比较好或者想要学习新知识的话，本书恐怕不能满足您的要求。如此说来，不怎么擅长算术和数学，却希望重新发现其中乐趣的人是最适合读这本书的了。此外，我编写本书的目的是为家长提供一本能愉快地教孩子算术知识的参考书。

我在编写本书时，尽量使内容简单易懂，让小学生也能看懂，但万一孩子有不懂的地方，就请您像书中的爸爸那样通过对话给孩子讲明白，并且希望家长和孩子都能很愉悦地学习。切记不要催促或者斥责孩子，不能依照家长的步调行事。孩子有不懂的地方就一点儿一点儿地提示他们，引导他们学会思考。

对于家长来说，和孩子的接触并没有什么新鲜感了，但其实和孩子们一起玩算术游戏、思考问题，是件非常有意思的事情。

我们会为孩子出人意料的能力感到惊讶，并且还有可能对孩子产生新的认识。

孩子们也很喜欢和父母在一起，即便他们在学校里算术不好，也不会抵触和父母一起高兴地玩算术游戏。

请您务必告诉孩子：算术和数学的世界中有很多非常有趣的东西，一定要热爱算术和数学。

CONTENTS

目录

>>>

CONTENTS

目录

Chapter 1

初识数和计算

认识数和计算是算术的基础。你肯定会认为这是理所应当的，但这些理所应当的东西中很有可能隐藏着被忽视的问题，我们从中会找到意外的新发现。

01 别被先入为主的观念骗了

父 你擅长做文字算术题吗？

子 不太会做。

父 是因为没有好好读题，不明白题意，结果理解错问题的意思和要求，所以才做错的吧？

子 大概是吧。我总是不自觉地就漏读了题，弄错题的意思。

父 是吗？那你做做这道题吧。

> **问题** 10千克的铁和10千克的空气哪个重？

子 铁。

父 你确定是10千克的铁重吗？

子 嗯，铁很重，不是吗？

父 你再仔细听一遍题。

> **问题** 10千克的铁和10千克的空气哪个重？

子 不是铁吗？啊，对了，一样重！

父 哈哈哈，上当了吧！

子 可是，虽然都是10千克，但还是感觉铁比较重。

父 是啊。这是因为我们有种先入为主的观念，总是觉得铁比空气重得多。

子 嗯。

父 那你再看看这道题。

> **问题** 有个男孩子把石头扔到水池里，石头一会儿沉下去，一会儿隐藏到水下面，这是为什么呢？

子 大概是因为石头是侧着投到水里的，所以石头在水面上跳跃的原因吧？

父 很遗憾，石头是用很普通的办法投到水里的。

子 啊！我知道了！一会儿沉下去，一会儿隐藏到水下面，意思是一样的，都是指下沉呀！

父 呵呵呵，确实是。这说明你没有好好读题啊。还有最后一道题。

> **问题** 同样的路，去的时候花1小时10分钟，回来的时候只花了70分钟，这是为什么呢？

子 是因为去的时候是上坡路，回来时是下坡路吧？

父 你看你又错了。

子 啊！对啊！1小时10分钟就是70分钟。唉，又被骗了。

02
1条金枪鱼＋1条金鱼
＝2条？

父 1＋1是多少？

子 肯定是2喽。

父 很遗憾，1＋1＝41。

子 噢，你说的是1和＋连在一起成了4，是吧？

父 这只是个笑话而已。那1只狗＋1只猫呢？

子 2只！

父 那1条金枪鱼＋1条金鱼呢？

子 2条？

父 好像没什么自信啊。那看看这道加法题吧。

> **问题** 1只狗＋1只跳蚤是多少？

子 2只吗？呃，我有点儿糊涂了。是因为狗是犬科动物，跳蚤是昆虫，所以不能相加，是吗？

父 1根香蕉＋1支铅笔呢？

子 这也不能相加吧？

父 为什么？

子 香蕉是吃的东西，可铅笔不是啊。

父 那1本书＋1本笔记本呢？

子 呃，这个可以说是2本吧？

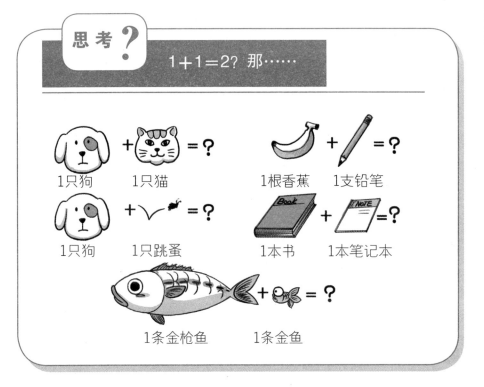

思考？

1＋1＝2？ 那……

1只狗 ＋ 1只猫 ＝？　　　1根香蕉 ＋ 1支铅笔 ＝？

1只狗 ＋ 1只跳蚤 ＝？　　　1本书 ＋ 1本笔记本 ＝？

1条金枪鱼 ＋ 1条金鱼 ＝？

父 呵呵呵，怎么样啊？ 1＋1也没那么容易吧？

子 因为学校里不教这种加法。

父 1桶水加1桶水等于几桶水？

子 2桶水。

父 可是如果把水倒进大小是原来桶的2倍的水桶里的话，就成了1桶水了呀。

子 这不符合规则！

父 是啊。像这种大小和量可以变化的东西，是不能相加的。还有像1根香蕉＋1支铅笔这种根本不同的事物，相加是没有意义的。

一般来说，能相加的东西必须种类相同或者量词、单位等一样。

（子）什么是量词呢？

（父）指的是一本、一册、一个中的本、册、个。它们加在数字后面，用来表示东西的种类或性质。而单位是指数量的标准大小，比如表示长度的米、表示重量的克等。

（子）哦，是这么回事啊。

（父）总之，做加法时，要是没搞明白要求的是什么，答案会很奇怪。像咱们平常做的都是1日元＋1日元＝2日元这样的加法。

又比如："桌子上有1本书、2本杂志，共有多少本？"一般我们的回答是"3本"。"1本书、2本杂志"，很好理解，是吧，因为我们是把书和杂志分开算的，但有时候一起算也是可以的。

（子）什么时候可以一起算呢？

（父）去旅行时想带点儿读的东西时，会说："书和杂志共带3本吧。"像这样种类、性质、单位、量词等一样，并且相加的目的也很明确时，才能做加法运算。

（子）哦。

（父）但是20℃的水＋30℃的水等于什么？

（子）50℃的水。

（父）哈哈，上当了吧？

（子）啊！同样多的20℃的水和30℃的水混在一起，水的温度最高只能是25℃，是吧？

（父）对。要是加了多少度的水，水温便增加多少，那50℃的水＋50℃的水便成了100℃的水，马上就会沸腾了。

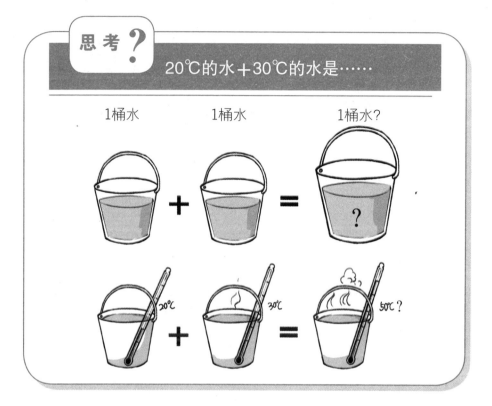

思考❓

20℃的水＋30℃的水是……

1桶水　　　　1桶水　　　　1桶水？

小知识

量词：指的是一本、一册、一个中的本、册、个，它们加在数字后面，用来表示东西的种类或性质。

单位：指的是数量的标准大小，比如表示长度的米、表示重量的克等。

03
4种加法

（父）现在你已经知道了加法也不是那么简单的事情，说得再具体点儿，加法运算分4种。

（子）加法还有4种啊？

（父）是啊。首先是最普通的加法，即同种类的东西合并，比如："桌上有2个苹果，冰箱里有3个，一共有多少个？"

（子）2个＋3个＝5个。

（父）另一种是不同种类的东西合并。比如："狗有3条，猫有3只，共有多少个？"

（子）3条＋3只＝6个。因为狗和猫不一样，所以说是不同种类的东西吧？这两种都是普通的加法运算，是吧？

（父）嗯。接下来的一种，我们暂且把它叫作添加型。举个例子："车上有5个人，又上来了3个人，现在共有多少人？"

（子）5人加了3人，所以是8人。

（父）还有一种情况："太郎从前面数是第3名，次郎在太郎后面第2个，次郎从前面数是第几名？"

（子）太郎从前面数是第3名，次郎在太郎后面第2个，那次郎从前面数应该是第5名。

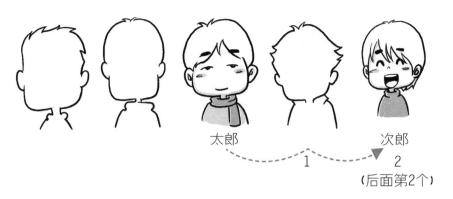

太郎　　　　　　次郎
　　　1　　　　　2
　　　　　　（后面第2个）

👨 这样，加法运算也可以分为4种。当然，我们平常都没在意这些分类，都把它们看作普通的加法。

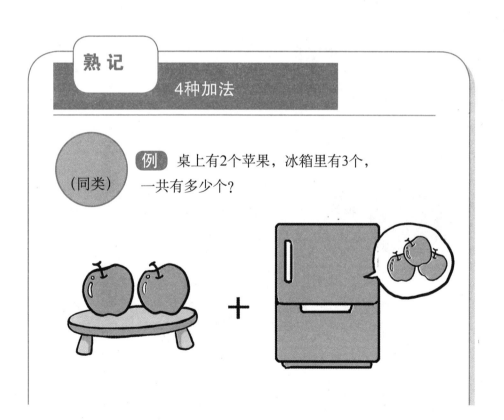

熟记

4种加法

（同类）

例 桌上有2个苹果，冰箱里有3个，一共有多少个？

（异类）

例 狗有3条，猫有3只，共有多少个？

 +

（基数增加）

例 车上有5个人，又上来了3个人，现在共有多少人？

（序数增加）

例 太郎从前面数是第3名，次郎在太郎后面第2个，次郎从前面数是第几名？

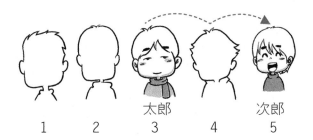

太郎　　　　　　次郎

1　　2　　3　　4　　5

算术游戏　加法拳

游戏规则

　　两人用伸出的手指头表示数字，谁先算出两人手指头表示的数字之和，谁就赢。

　　这是小学低年级练习加法运算的最好方法。

　　这个游戏的优点就是随时随地都可以做，还可以用来打发时间。

1. 嘴里念着"加法拳，加法拳"，双方都只用一只手，伸出1到5根指头。

2. 对方是2根手指头，自己是3根的话，马上说出答案是5，先说的为赢。

3. 玩得比较熟练了后，用两只手，伸出1到10根手指头，算相加之和。

4. 用同样的方法还可以练习减法和乘法。

㊗ 减法有6种呢。

㊅ 减法的种类比加法的种类还多吗?

㊗ 是啊。首先我们来看最基本的减法,即求剩余。比如:"有5根香蕉,吃了3根,还剩几根?"

㊅ 5根减3根,等于2根。

㊗ 还有一种情况:"橘子和苹果共有5个,如果橘子有3个,那苹果有几个?"这也是求剩余。

㊅ 从总共的5个中去掉3个橘子,那苹果就剩下2个了。

㊗ 对。下面是求差的减法。比如:"有7头狮子,5只老虎,狮子比老虎多几头?"

㊅ 7头减5只,狮子多2头。

㊗ 下面这种情况是:"有10辆汽车,蓝色车是从左边数的第7辆,白色车是从左边数的第3辆,蓝色汽车在白色汽车的右边第几辆?"这也是求差的减法。

㊅ 嗯……蓝色车是左数第7辆,白色车是左数第3辆,7减3是4,所以蓝色车在白色车右边第4辆。

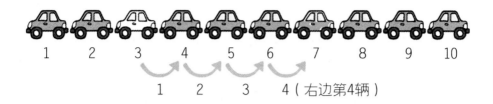

1   2   3   4 （右边第4辆）

（父）画个上面这样的图就很好理解了，是吧？

最后一种是减少型。比如："书架上有5本书，朋友借走2本，书架上还剩几本？"

（子）5本减2本是3本，这和刚开始的求剩余的类型一样，是吧？

（父）嗯……大体一样。但是，香蕉的话，吃了就没有了是吧，而书的话，虽然被朋友借走了，可书并没有消失。

（子）呵呵，也是啊。

吃了3根   朋友借走2本

父 另外还有这种情况："有10辆汽车，蓝色车是从左边数的第7辆，白色车在蓝色车左边第3辆，那白色车从左边数是第几辆？"

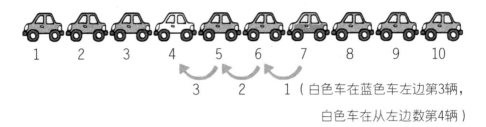

1　2　3　4　5　6　7　8　9　10

3　2　1（白色车在蓝色车左边第3辆，
白色车在从左边数第4辆）

子 这个题也是画个上面这样的图就很好理解了。结果，7−3＝4，所以是从左边数的第4辆。

父 确实是这样。上面我们将减法细分为6种，并分别举了例，如果分2种的话，减法可以分为求剩余和求差2类。

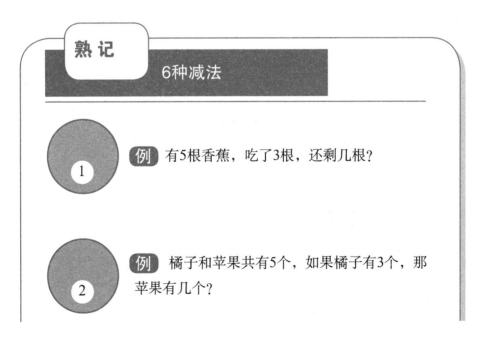

熟记

6种减法

1　**例** 有5根香蕉，吃了3根，还剩几根？

2　**例** 橘子和苹果共有5个，如果橘子有3个，那苹果有几个？

例 有7头狮子，5只老虎，狮子比老虎多几头？

 例 有10辆汽车，蓝色车是从左边数的第7辆，白色车是从左边数的第3辆，蓝色汽车在白色汽车的右边第几辆？

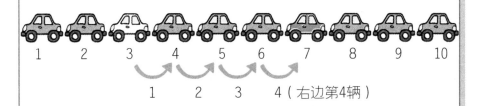

1　2　3　4（右边第4辆）

 例 书架上有5本书，朋友借走2本，书架上还剩几本？

 例 有10辆汽车，蓝色车是从左边数的第7辆，白色车在蓝色车左边第3辆，那白色车从左边数是第几辆？

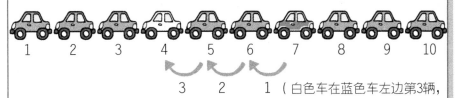

3　2　1　（白色车在蓝色车左边第3辆，

白色车在从左边数第4辆）

父 给你做一道很简单的减法算术题，好不好？

"拿着300日元去买东西，买了150日元的巧克力，应该找多少钱？"

300日元是3个100日元的硬币。

子 很简单啊，找150日元。

父 很可惜，找的不是150日元。

子 为什么？300－150＝150，不是吗？

父 确实，300－150＝150，这个计算本身没错，但不是这道题的答案。

子 还和消费税之类的有关，是吗？

父 没有关系。提示你一下：你想想实际买东西的时候。

子 拿着300日元，买了150日元的巧克力，怎么算也是找150日元呀。

父 但是，想想实际买东西的时候，拿着150日元的巧克力到了收银台。

子 嗯。

父 把巧克力放到收银台，店员用机器把巧克力的条码扫到电脑里，

然后说："150日元。"

子 嗯。

父 你拿着3个100日元的硬币，你给店员几个？

子 啊！对啊！200日元。

父 是啊。所以，找零就是50日元。买了150日元的东西，用300日元

结账的人恐怕没有吧？一般都会拿出200日元。

子 考试时碰到同样的问题，答案写50日元吗？

父 哈哈哈，学校里考同样的问题的话，答案不写150日元就错了。学校里教的算术和实际生活中用的，有时是不太一样的。

思考 ?

找多少钱?

问题 拿着300日元去买东西，买了150日元的巧克力，应该找多少钱?

  →

300日元－150日元＝150日元→错

想想实际买东西的时候！

把150日元的巧克力放到收银台→店员说："150日元。"

↓

把200日元放到收银台

  →

200日元－150日元＝50日元→ 找50日元！

加法和减法的基本是10的组合，做这个游戏可以练习这种基本组合。
本游戏出题很容易，孩子们也喜欢做。

游戏规则

· 像下面的表一样，将1～9的数字随机排列，做一个表格。

· 将从横向或纵向合计得10的数字圈起来。

· 除了斜向，圈几个数字都可以。

06

什么是分数？

父 你们学过分数了吗？

子 学了。分数很奇怪，是吧？

父 不不不，分数是很好用的数。

子 为什么呀？

父 分数实际上是将除法的算式用数字表示的数。$1 \div 2$用分数怎么表示？

子 $\dfrac{1}{2}$。

父 $\dfrac{1}{2} = 1 \div 2 = 0.5$。像这样，$1 \div 2 = 0.5$还好说，但$1 \div 3 = 0.33333……$，小数3一直持续，是吧？

子 嗯。

父 但是像$1 \div 3$这种小数一直持续的数字，用分数表示的话写作$\dfrac{1}{3}$，这种表示又清楚又简单。所以说分数是很好用的数。

子 如果没有分数呢？

父 如果没有分数，就不能说$\dfrac{1}{3}$升的水，只能说$0.33333……$升的水，也不能说从纸右侧$\dfrac{1}{3}$的地方画线，如果是宽10厘米的纸的话，只能说从纸右侧$3.33333……$厘米的地方画线。

分数是除法的算式

$$1 \div 3 = 0.33333\cdots\cdots \rightarrow \frac{1}{3}$$

$$8 \div 11 = 0.72727\cdots\cdots \rightarrow \frac{8}{11}$$

子 啊？那么所有的数字都可以用分数表示吗？

父 不，很遗憾，不是所有的数字都可以用分数表示。只有有理数才可以用分数表示。

子 有理数？

父 趁着这个机会，我简单给你讲一下数的种类吧。这些小学时还学不到，你只要知道数有这几种就可以了。

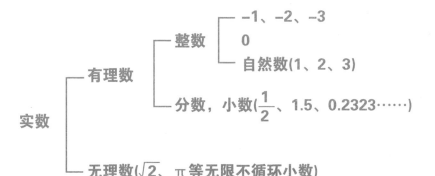

自然数：1、2、3等，数数时用的基本数

整数：自然数、0和负数

分数：$\frac{1}{2}$、$\frac{2}{3}$ 等

小数：0.5（有限小数）、0.33333……（无限小数）等小于1的数。另外像0.7272……这样有相同部分的数字重复出现的数字叫循环小数。

有理数：可以用分数表示的数字

无理数：$\sqrt{2}$、π（圆周率）等无限不循环小数

实数：有理数和无理数

父 正如图中表示的，有理数是指整数和分数，小数包括有限小数和循环小数。总之，可以用分数表示的数就叫有理数。

子 有限小数和循环小数都可以用分数表示吗？

021

父 可以。有限小数0.5用分数表示是$\frac{1}{2}$。循环小数0.7272……的话，可以写成$\frac{72}{99}=\frac{8}{11}$。

子 把循环小数写成小数时，用99除就可以了吗？

父 有几位数字循环就用几位的9除就可以了，比如0.123123……的话，是$\frac{123}{999}=\frac{41}{333}$，但是，这只适用于从小数点后第一位就开始循环的数字，不是从第一位就开始循环的数字的话，必须用其他的方法。

子 其他的方法？

父 嗯。稍微难了点儿，没问题吧？比如，$\frac{5}{12}=5\div12=0.41666……$，要想把0.41666……写成分数的话，像下面这样就可以了。

熟 记

把0.41666……写成分数的方法

0.41666……乘以100：

$0.41666……\times100=41.666……$

这等于41+0.666……，所以能写成$41+\frac{6}{9}=41+\frac{2}{3}$

$41+\frac{2}{3}=\frac{123}{3}+\frac{2}{3}=\frac{125}{3}$

因为最开始乘了100，所以除以100

$\frac{125}{3}\div100=\frac{125}{300}=\frac{5}{12}$

（父）如果有1个男人、1个女人，男人占全部人数的几分之一?

（子）男人是2个人中的1个，所以是 $\frac{1}{2}$ 。

（父）那有1个男人、2个女人时，男人占全部人数的几分之一?

（子）男人是3个人中的1个，所以是 $\frac{1}{3}$ 。

（父）这两种情况合到一起的话，男人占全部人数的几分之一?

（子）全部是5个人，男人有2个，所以是 $\frac{2}{5}$ 。

（父）因此， $\frac{1}{2} + \frac{1}{3} = \frac{2}{5}$ ，是吧?

（子）嗯，是。

（父）真是这样吗? $\frac{1}{2} + \frac{1}{3} = \frac{2}{5}$ 吗? 分母不同的分数相加时，不通分，只是分母和分子分别相加，所得到的是正确结果吗?

（子）咦? 真的呀! 这种算法没有通分! 应该是 $\frac{1}{2} + \frac{1}{3} = \frac{3}{6} + \frac{2}{6} = \frac{5}{6}$ 。

（父）这么说来，刚才的分数的加法运算是错误的啰?

男 女 →男占全体的 $\dfrac{1}{2}$

男 女 女 →男占全体的 $\dfrac{1}{3}$

全体 →男占全体的 $\dfrac{2}{5}$

$$\dfrac{1}{2} + \dfrac{1}{3} = \dfrac{2}{5} \ ?$$

子 但是,看图的话没错呀。

父 看起来是没错。但是,这种求分数和的方法还是错的啊。把分数变成小数算的话,$\dfrac{1}{2}$ 是0.5,$\dfrac{1}{3}$ 是0.33333……,$\dfrac{1}{2} + \dfrac{1}{3}$ =0.5+0.33333……=0.83333……,而 $\dfrac{2}{5}$ 变成小数的话只是0.4。

子 那 $\dfrac{1}{2} + \dfrac{1}{3}$ 成为 $\dfrac{2}{5}$ 是怎么回事呢?

父 $\dfrac{2}{5}$ 表示的是比例。将男人的比例是 $\dfrac{1}{2}$ 和 $\dfrac{1}{3}$ 的情况组合起来,男人的比例变为了 $\dfrac{2}{5}$ 。但是作为分数相加的话,是错误的。分数相加时,作为基准的数必须一样。

子 作为基准的数?

父 比如,$\dfrac{1}{2}$ 是什么的 $\dfrac{1}{2}$ 。同样是 $\dfrac{1}{2}$,4个人的 $\dfrac{1}{2}$ 是2个人,10个人的 $\dfrac{1}{2}$ 是5个人,这样人数根本不同。算分数的加法时,必须使作为基准的总体的数量一致,这就是通分。设总体的数量是6人,6人的 $\dfrac{1}{2}$ 是3个人,6人的 $\dfrac{1}{3}$ 是2个人,所以3人＋2人＝5人,6人中的5人是 $\dfrac{5}{6}$,这便是 $\dfrac{1}{2} + \dfrac{1}{3}$ 的结果。

思考？ $\dfrac{1}{2} + \dfrac{1}{3}$ 是……

设作为基准的总量是6人

6人中的 $\dfrac{1}{2}$ 是3人

6人中的 $\dfrac{1}{3}$ 是2人

3人＋2人＝5人

因此

6人中的5人是 $\dfrac{5}{6}$

$$\dfrac{1}{2} + \dfrac{1}{3} = \dfrac{5}{6}$$

      $\dfrac{1}{2} = \dfrac{3}{6}$

     $\dfrac{1}{3} = \dfrac{2}{6}$

    $\dfrac{1}{2} + \dfrac{1}{3} = \dfrac{5}{6}$

父 再告诉你一件不可思议的事吧，和分数运算有关。

子 是什么？

父 去外国工作的爸爸给姐妹三个寄来了礼物，礼物共有17个，而且一同寄来的信上写着：给大女儿 $\frac{1}{2}$ ，给二女儿 $\frac{1}{3}$ ，给最小的女儿 $\frac{1}{9}$ 。那么三个女儿分别得到几个礼物呢？

子 17个的 $\frac{1}{2}$ 是……8个半，没法儿分呀！

父 这样是没法儿分的，所以妈妈把给自己的礼物中的1个拿出来，让女儿们分。

子 这样的话礼物一共成了18个，18个的 $\frac{1}{2}$ 是9个，18个的 $\frac{1}{3}$ 是6个，18个的 $\frac{1}{9}$ 是2个，正好能分开。

父 分开的礼物一共有几个？

子 嗯？ 9＋6＋2是17个！

父 所以，剩下的一个礼物还给了妈妈。

子 咦？ 明明妈妈拿出一个自己的礼物才能分开的，怎么会剩下一个呢？

父 哈哈哈，不懂是吧？

子 为什么会这样啊？

父 $\frac{1}{2}$ ＋ $\frac{1}{3}$ ＋ $\frac{1}{9}$ 等于多少？

子 通分一下，$\frac{9}{18} + \frac{6}{18} + \frac{2}{18}$，等于 $\frac{17}{18}$。

父 嗯。因此，三个分数相加也不能成为 $\frac{18}{18} = 1$，很不可思议，是吧？

思考 ?

礼物的分法

爸爸寄来的礼物一共有17个

按照下面说的分

大女儿 $\frac{1}{2}$

二女儿 $\frac{1}{3}$

小女儿 $\frac{1}{9}$

这么分没法儿分，妈妈放进去一个，共有18个

大女儿 $\frac{1}{2}$ →9个

二女儿 $\frac{1}{3}$ →6个

小女儿 $\frac{1}{9}$ →2个

合计17个

余下的1个还给妈妈

揭秘：

$$\frac{1}{2} + \frac{1}{3} + \frac{1}{9} = \frac{9}{18} + \frac{6}{18} + \frac{2}{18} = \frac{17}{18}$$

三个分数相加不是 $\frac{18}{18} = 1$，还会有这种事！

算术游戏 我的数字是什么？

本游戏是回答数学问题的游戏。

您可以随时随地做这个游戏，增加相关的数学知识，培养数学思维。

游戏规则

· 问孩子和数学相关的问题，教给他们回答的方法，也可以和孩子相互提问题。

· 问题如下所示，只要是和数学相关就可以，如果是身边的东西或比较独特的问题，会更有趣。

· 问和数学相关的问题，并加以说明，这样能学到更多的知识。

· 我是一只手的手指头数	→5
· 我是人的手指头数	→10
· 我是蚂蚁的脚的数目	→6
· 我是9的下一个的下一个的下一个数	→12
· 我是999的下一个数	→1000
· 我是菱形的边数	→4
· 我是一周的天数	→7
· 我是和今天的日期一样的数	→?
· 我是和你的年龄一样的数	→?
· 我是一打的数	→12
· 我是没有王的扑克牌的数目	→52
· 我是9＋5的答案	→14
· 我是□−7＝2的□里的数	→9

09

大单位

走进
别样世界

父 学大单位了吗?

子 嗯,兆*也学了。

父 好,那就给我数数,数到兆。

子 个、十、百、千、万、十万、百万、千万、亿、十亿、百亿、千亿、兆、十兆、百兆、千兆。

父 嗯,连兆也知道了的话,日常生活就方便多了。

子 可是对兆,我根本没概念。

父 比如,个到兆中间的数字数一遍要花多长时间呢?我们暂且算平均数一个花一秒,实际情况要比这个多得多。

子 一兆秒,对吧?

父 嗯,一兆秒大约是1667000万分钟,约等于27800万小时,约等于1157万天,约等于31700年。

子 啊?只是数到一兆,就要花3万多年啊!

思考?

数到兆要花多长时间?

假如从1数到1兆,每个数平均花1秒,数到1兆大约要花31700年。

*一兆等于一万个亿。

029

父 那么，兆的后面是什么，知道吗？

子 不知道，兆的后面是什么？

父 兆的后面是京，京往后是垓、秭、穰、沟、涧、正、载、极、恒河沙、阿僧祗、那由他、不可思议、无量大数等，一个无量大数是1后面有68个零。

子 最后感觉有点儿像经书了。

父 嗯，这是从中国传来的说法，而且后面的词原本是佛教的词汇。顺便问问你，你知道恒河沙是什么意思吗？

子 和河有关系吗？

父 对，恒河指的是印度恒河，恒河沙就是说和恒河里的沙一样多。

思考 ?

大数字

兆之后，每增加1万倍，如下表所示：

京	10^{16}
垓	10^{20}
秭	10^{24}
穰	10^{28}
沟	10^{32}
涧	10^{36}
正	10^{40}
载	10^{44}
极	10^{48}
恒河沙	10^{52}
阿僧祇	10^{56}
那由他	10^{60}
不可思议	10^{64}
无量大数	10^{68}

◆ 数字用3位来分隔的原因

㊡ 像这样，数的叫法4位一变，比起英语来，容易理解多了。

㊢ 英语中不一样吗？

㊡ 美国英语的数法是每3位一变，比如千、百万、十亿。

㊢ 这比较难理解。

㊡ 我们经常会看到数钱的时候，每隔3位标一个逗号，是吧？

㊢ 123,456日元，这种的是吧？

㊡ 这种每隔3位标一个逗号来分开的习惯，是明治时期日本进入英语圈时开始的，不是日本以前就有的习惯。正如刚才说的，日本原本按4位来分隔的方法更容易理解，但是为了在国际上通用，改用3位分隔这种难理解的方法。

㊢ 原来是这么回事啊。

㊡ 看到123,456,789这个数字，恐怕没几个人能马上读出一亿两千三百四十五万六千七百八十九。没有看惯3位分隔的数字的话，是读不来的。

但是，按4位分隔写作1,2345,6789的话，人们就能很快读出一亿两千三百四十五万六千七百八十九了。

㊢ 因为从右边数第一个逗号是万，下一个是亿。

㊡ 对。

熟记

数字用3位来分隔的原因

数字用3位来分隔是学习英语圈习惯的结果。

美国英语（每3位一变）

千 百万 十亿

日本（每4位一变）

万 亿 兆

123,456,789　一亿两千三百,四十五万六千,七百八十九

　　↓　↓

　百万　千

1,2345,6789　一亿,两千三百四十五万,六千七百八十九

↓　　↓

亿　万

10 纸折50次会怎样?

(父) 兆有多大我们前面已经讲过了,现在我给你讲个更厉害的,要听吗?

(子) 好啊,是什么?

(父) 有一张厚0.1毫米的纸,把它不断地对折,假如能折50回,最初厚0.1毫米的纸最终有多厚,你知道吗?

(子) 每折一次,厚度增加一倍,最初是0.1毫米,折1回是0.2毫米,折2回是0.4毫米,3回是0.8毫米,4回是1.6毫米,5回是3.2毫米,这样重复折50回,会有10米厚?

(父) 不不不,远远大于10米。

(子) 100米吗?

(父) 还不够,差得远呢。

(子) 1000米?

(父) 哈哈哈,无法想象啊。厚0.1毫米的纸一直对折,假如能折50回,最后的厚度大约是地球到月球的距离的293倍。

(子) 啊?怎么可能啊?!

思考 **?**

纸折50回的厚度是······

有一张厚0.1毫米的纸，把它不断地对折，假如能折50回，最初厚0.1毫米的纸最终有多厚?

0.1毫米 × 2^{50} = 112589990千米

地球中心到月球中心的距离是384400千米

112589990千米 ÷ 384400千米 ≈ 293

所以，大约等于地球到月球距离的293倍。

◆给贤能之人的奖励

(父) 和折纸类似，还有这样的事情。有一位大王要奖励一位立下功劳的男子，于是这位男子提出这样的要求：第一天给1枚金币，第二天给前一天的2倍，即2枚金币，第三天再给前一天的2倍，即4枚金币，按这种方法给一个月。大王想这是个多么不贪心的男子啊，于是允诺多给19天，即给他50天的钱。事实上，按这种方法给男子50天金币，你觉得最终得给多少枚呢?

(子) 和折纸一样，会是难以想象的数字吧?

(父) 是。这次是第一天给1枚，第二天给2枚，第三天给4枚，这样随着金币数目的增加，它的2倍也会越来越大，得到的金币也将越来越多。5天得到的金币数总共是1 + 2 + 4 + 8 + 16 = 31枚，就这样，金币数不断地增加下去。

035

子 嗯，嗯。

父 按男子一开始请求的一个月是31天算，男子得到的金币共计
2147483647枚。就算只有这些，也已经是巨额了，50天的话是
1125899906842623枚。

子 一开始觉得没什么大不了的，但越到后面，数字增长得越快啊。

思考?

能得多少枚金币？

第一天给1枚金币，第二天给前一天的2倍，即2枚金币，第三天
再给前一天的2倍，即4枚金币，按这种方法给31天，男子一共会
得到多少枚金币？

日期	1	2	3	4	5	6	7	8	9	10	……
枚数	1	2	4	8	16	32	64	128	256	512	……
合计枚数	1	3	7	15	31	63	127	255	511	1023	……

如上所示计算下去，31天的合计枚数是2147483647枚
50天的合计枚数是1125899906842623枚

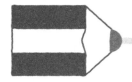

别被"倒霉信"骗了

子 您知道"倒霉信"吗?

父 知道,就是说哪天几点之前不把信交给某个人,你就会倒霉,是吧?

子 嗯,嗯。现在学校很流行这个,都成麻烦了。

父 我记得这个以前就流行过,爸爸小的时候就很流行。

子 咦,是吗?

父 不用很在意那种东西。

子 我知道。

父 你们学校有多少学生来着?

子 差不多500个。

父 我们假如每次给5个人发"倒霉信",5×5是25人,5×5×5是125人,5×5×5×5是625人,第4阶段时人数已经超过了学校学生人数,也就是说马上就没有可以收信的人了。

1人→5人→25人→125人→625人

子 原来是这么回事啊。

父 如果每次给10个人发,到第8阶段时就是1亿人,和日本的人口差不多了，第10阶段是100亿，远远超过地球人口了。

（子）真是个大数目啊。

（父）这种信和邮件就像锁链一样一环扣一环，被叫作连锁邮件，但流行不了多久，所以我们不需要太在意。

和"倒霉信"的组织形式一样，还有像直销、传销那样宣传说加入就能轻易发财，以此增加会员的欺诈行为，可得小心哪。

（子）嗯，知道了。

（父）顺便再给你举个例子。假定一个学生早上来到有500人的学校，8点到8点10分间，告诉了3个人某个传言。那3个人10分钟内又分别告诉3个人那个传言，那么全校学生都知道这个传言要多长时间？

8点10分时包括最早传播传言的人在内有4个人，8点20分时增加了$3 \times 3 = 9$人，共13人，8点30分时增加了$3 \times 3 \times 3 = 27$人，共40人，照此规律增加，所以——

8点10分	8点20分	8点30分	8点40分	8点50分	9点
+3人	+9人	+27人	+81人	+243人	+729人
4人	13人	40人	121人	364人	1093人

（子）9点的时候就传到全校学生耳朵里了。

（父）嗯，完全正确。

算术游戏 加法宾戈

这是适合低年级学生玩的加法游戏，学生可以一边玩宾戈一边练习加法运算。和宾戈游戏一样，这个游戏也是人越多越有意思。

游戏规则

· 仿照例图，在纸上画一张6×6的表格。

+					

· 画好后，只在最上面一行和最左边一列中任意填入0~9的数字，每格填一个数字。左上角第一格不填。

+	6	2	1	4	7
3					
8					
9					
0					
5					

· 这样一来，宾戈卡片便做好了。

· 做些写着1～17数字的卡片，一张一张地抽出卡片。

· 抽出来的卡片上的数字可以做答案，即表格内纵横数字相加结果时，把这个数字填入表格内，比如抽出的卡片写的是10，像下面这样填写。

+	6	2	1	4	7
3					10
8		10			
9			10		
0					
5					

· 在纵、横、斜任何一个方向，最先填满5个方框的人胜利。也可以规定最先填完所有方框的人得胜。

· 此外还可以多费点儿功夫，用更大的数字做，还可以用乘法来做。

小单位

子 小单位也有固定的叫法吗?

父 当然小单位也有了。小单位是从1开始向下每十分之一为一个单位依次减少的，分别是分、厘、毫、丝、忽、微、纤、沙、尘、埃、渺、漠、模糊、逡巡、须臾、瞬息、弹指、刹那、六德、虚、空、清、净。

思考?

小单位

从1开始向下每十分之一为一个单位依次减少，列表如下：

分	10^{-1}
厘	10^{-2}
毫	10^{-3}
丝	10^{-4}
忽	10^{-5}
微	10^{-6}

纤	10^{-7}
沙	10^{-8}
尘	10^{-9}
埃	10^{-10}
渺	10^{-11}
漠	10^{-12}
模糊	10^{-13}
逡巡	10^{-14}
须臾	10^{-15}
瞬息	10^{-16}
弹指	10^{-17}
刹那	10^{-18}
六德	10^{-19}
虚	10^{-20}
空	10^{-21}
清	10^{-22}
净	10^{-23}

另有一种说法为虚空是10^{-20}，清净是10^{-21}。

子 咦？但是有点儿奇怪啊。学比例时学过，十分之一是"成"，百分之一是"分"。

父 这儿的"成"是表示比率的单位。本来"分"有十分之一的意思，但是表示比率时，"成"表示十分之一，"分"表示"成"的十分之一，即百分之一，这确实有点儿混乱。所以"分"做数量单位时代表十分之一，做比率单位时代表"成"的十分之一，即百分之一。

子 原来是这样的啊。

父 所以五五成指的是各为0.5（50%），而九分九厘指的是0.99（99%）。

熟记

数量和比率的单位

数量单位→分（1的$\frac{1}{10}$）；厘（1的$\frac{1}{100}$）

　　→九分九厘＝0.99

比率单位→成（1的$\frac{1}{10}$）；分（1的$\frac{1}{100}$）

　　→1成2分＝0.12

父 除法有2种含义,你知道吗?

子 2种含义?

父 比如,对10÷2这个除式,有2种理解方式。首先10日元平均分给2个人,每个人得多少日元?

子 10日元÷2＝5日元。

父 这是分给2个人的情况。10日元分给2个人,每个人得5日元。

子 嗯。

父 另一种理解10÷2的方法是共有10日元,给每个人2日元,能分给几个人?

子 同样,10÷2＝5,所以能分给5个人。

父 对。这其实就是10包含几个2的问题。

子 是吗?

父 像这样,同一个除式10÷2既能表示"把10分成2份,每份多少",也能表示"10包含几个2"。

子 这么说还真是。

父 所以,把$1÷\frac{1}{2}$这种分数的除法理解成1中包含几个$\frac{1}{2}$,马上就能得出答案2。

子 这么理解的话,分数的除法也好理解了,是吧?

熟记

除法的2种含义

平分

→10日元平均分给2个人，每人得多少日元?

10日元÷2＝5日元，每人得5日元。

包含几个

→把10日元平分，每个人得2日元，能分给几个人?

10日元÷2日元＝5，能分给5个人。

(父) 你随便说一个8位的数字。

(子) 36598674。

(父) 知道这个数能被几整除吗?

(子) 嗯? 这马上就能知道吗?

(父) 是啊。这个数能被2、3、6整除。你用计算器检验一下。

(子) 真的啊!

(父) 这个数后面加上一位6,成为365986746,就能被9整除了。

(子) 是啊,9能整除。爸爸你是怎么知道的?

(父) 只要掌握了一眼看出整除数的方法,马上就能知道哦。

(子) 有一眼看出的方法?

(父) 对啊。首先个位数是0或偶数的话,这个数就能被2整除。

(子) 嗯。

(父) 个位数是0或5时,能被5整除。

(子) 哦,是啊。

(父) 最后两位能被4整除或是00的话,这个数能被4整除。比如
39561232,最后两位是32,4能整除,那4也能整除这个数。

(子) 嗯,能整除。只要最后两位是4能整除的数或是00,前面的数字是

多少都无所谓，是吗？

（父）对。12345612也好，98765436也好，12345600也好，哪个都可以。

（子）嗯，都能被4整除。

（父）至于3和9能整除的数，只要各位数字之和是3的倍数就一定能被3整除。同样，各位数字之和是9的倍数的话，这个数就能被9整除。

（子）刚才365986746的各位数之和3＋6＋5＋9＋8＋6＋7＋4＋6＝54，所以能被9整除。这么说的话，3也可以整除这个数啰？

（父）是啊。个位数是6，所以这个数还能被2整除。既能被2又能被3整除，2×3＝6，那我们就知道6也能整除它。

（子）真的耶！6也能除尽。还有能被7和8整除的数呢？

（父）8的话，最后3位能被8整除或是000就可以。

（子）7呢？

（父）没有可以马上看出是否能被7整除的方法。其实，用7直接除会更快。

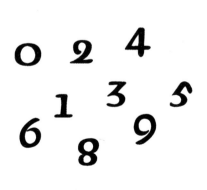

7的话呢？

如何一眼看出整除数

2→个位数是0或者偶数

3→各位数之和是3的倍数

$$111 \div 3 = 37$$

4→最后两位是4的倍数或是00

$$12345612 \div 4 = 3086403$$

5→个位数是0或5

6→能同时被2和3整除的数

7→没有特殊的判断方法

（实际上，用7直接除会更快）

8→最后3位是8的倍数或是000

$$98765000 \div 8 = 12345625$$

9→各位数之和是9的倍数

$$111111111 \div 9 = 12345679$$

15 1+1能等于10

走进
别样世界

父 以前我也说过，你已经知道了1+1并不那么简单，但是1+1还能等于10！

子 怎么回事？

父 1+1＝2是按十进制算的结果。一般的计算都是按十进制算的，但是按二进制算的话，1+1等于10。

子 二进制？

父 十进制是满十进一，即满十增加一位的数学体系。同样，二进制是满二则进一位的体系。因此，二进制下，1接下来不是2而是10。10后面是11，11后面一下子就成100了。总之，二进制体系中只用1和0两个数字。

子 噢。可是用它能干什么呢？

父 电脑用的就是二进制哦。电脑等数码机器都是用二进制工作的。因此，现在二进制是很有用的。

子 是吗？我一点儿都不知道。

父 二进制用1和0两个数字代表所有数。因此对于电脑，0是通电状态，1是断电状态。换句话说，电脑只要通过断电和通电这两个状态，就能表示所有数字了。将许多这样的电路组合起来，电脑便能表示数字、计算人类难以计算的复杂运算、处理各种各样的信息。

思考 ？

用二进制表示十进制

十进制	二进制
0	0
1	1
2	10
3	11
4	100
5	101
6	110
7	111
8	1000
9	1001
10	1010

16 将十进制换算成二进制

走进 别样世界

(父) 那么我们练练把十进制的数字换算成二进制吧。

(子) 怎么换?

(父) 不是很难，没什么好发愁的。比如，把10用二进制表示时照下面这么做。把10不断地分成2，余数写在右侧。

```
2 | 10
2 | 5    ……0
2 | 2    ……1
    1    ……0
```

(子) $10 \div 2 = 5$，余数是0；$5 \div 2 = 2$，余1；$2 \div 2 = 1$，余0。是这个意思吗?

(父) 对。然后从最后一次得到的商倒回去，得到的数就是10的二进制表达结果了。

(子) 所以10用二进制表示就是1010，是吧?

(父) 没错。那么15写成二进制是什么样的呢?

(子) 把15不断地除以2就可以了，是吧?

式子是：

```
2 | 15
2 | 7      ……1
2 | 3      ……1
    1      ……1
```

所以15的二进制表示式是1111。

（父）完全正确。此外，要是让写成五进制或七进制，也是用这个方法。

（子）果真是这样的啊。

熟 记

十进制转化为二进制的方法

用二进制表示9

```
2 | 9
2 | 4      ……1 → 1001
2 | 2      ……0
    1      ……0
```

用三进制表示117

```
3 | 117
3 | 39     ……0
3 | 13     ……0 → 11100
3 | 4      ……1
    1      ……1
```

用五进制表示117

```
5 | 117
5 |  23  ……2   →  432
      4  ……3
```

◆ 把二进制数转化为十进制数

父 现在咱们反过来，试试把二进制数换算回十进制数。这也很灵活，能换算成各种进制，当然也能换算成十进制。

子 怎么换算回十进制呢？

父 首先，我们得弄清楚十进制数的构成。

子 十进制数的构成？

父 是啊。比如123，百位是1，十位是2，个位是3。

子 哦，这个意思啊。

父 用数式表示123，为 $1 \times 100 + 2 \times 10 + 3 = 123$。

子 还真是这么回事啊。

父 表示得再详细一点儿，写成 $1 \times 10^2 + 2 \times 10 + 3 = 123$。

子 10^2 意思是2个10相乘，是吧？

父 对。同样的道理，1234可以表示为 $1 \times 10^3 + 2 \times 10^2 + 3 \times 10 + 4 = 1234$。

子 嗯。可是这个和把二进制数写成十进制数有什么关系吗？

父 这个可以照搬过来用啊。比如，二进制数1010用同样的方法可以写为 $1 \times 2^3 + 0 \times 2^2 + 1 \times 2 + 0 = 1 \times 8 + 0 \times 4 + 1 \times 2 + 0 = 8 + 2 = 10$，这样就能知道1010写成十进制是10啦。

子 啊？这个意思啊。

如何把二进制数换算回十进制数？

如何将二进制数1010换算回十进制数？

$1 \times 2^3 + 0 \times 2^2 + 1 \times 2 + 0$

$= 1 \times 8 + 0 \times 4 + 1 \times 2 + 0 = 8 + 2 = 10$

如何将二进制数1001换算回十进制数？

$1 \times 2^3 + 0 \times 2^2 + 0 \times 2 + 1$

$= 1 \times 8 + 0 \times 4 + 0 \times 2 + 1 = 8 + 1 = 9$

如何将三进制数11100换算回十进制数？

$1 \times 3^4 + 1 \times 3^3 + 1 \times 3^2 + 0 \times 3 + 0$

$= 1 \times 81 + 1 \times 27 + 1 \times 9 = 81 + 27 + 9 = 117$

如何将五进制数432换算回十进制数？

$4 \times 5^2 + 3 \times 5 + 2$

$= 4 \times 25 + 3 \times 5 + 2 = 100 + 15 + 2 = 117$

17

1不一定是1?

走进
别样世界

父 今天我跟你说点儿不可思议的东西。

子 不可思议的东西?

父 是哦,一个很有名的数学问题。

子 是什么?

父 分数 $\frac{1}{3}$ 写成小数是多少?

子 $\frac{1}{3}$ 等于 $1 \div 3$,是 $0.333333\cdots\cdots$,因为无限延续,所以叫作无限小数。

父 是啊,$0.333333\cdots\cdots$,是3无限延续的小数,所以叫无限循环小数。

子 那又能说明什么呢?

父 总之 $\frac{1}{3} = 0.333333\cdots\cdots$。

子 对啊,所以呢?

父 那么,$\frac{1}{3} \times 3$ 是多少?

子 $\frac{1}{3} \times 3 = 1$ 呗。

父 那么,$0.333333\cdots\cdots \times 3$ 是多少?

子 $0.333333\cdots\cdots \times 3 = 0.999999\cdots\cdots$?

父 对。但是这样一来,$\frac{1}{3} = 0.333333\cdots\cdots$ 这个式子的两边同时乘以3,就成了 $1 = 0.999999\cdots\cdots$,是吧?

子 嗯。可是，很奇怪啊，1和0.999999……不相等啊。

父 你也这样想吧。但事实上说1＝0.999999……也没错。

子 怎么回事？可是怎么看1和0.999999……都不一样啊。

父 是啊，1和0.999999……确实看起来不一样。

思考？

1＝0.999999……？

$\frac{1}{3} = 0.333333\cdots\cdots$

两边同乘3，

$\frac{1}{3} \times 3 = 0.333333\cdots\cdots \times 3$

$1 = 0.999999\cdots\cdots$

子 1和0.999999……肯定是不同的数哦，明明0.999999……比1小。

父 要是0.999999……小于1，那小多少呢？也就是说，1－0.999999……

等于多少？

子 0.00000……，咦，小数点后有无数个0、最后一位是1的数？

父 说最后，那哪里是最后呢？0.999999……是小数点后有无数个9的

数，对吧？所以9永远延续，没有最后啊。

子 咦？搞不懂啊。那应该怎么说呢？

父 严格地说，0.999999……是无限接近1的小数，只能按1＝

0.999999……来理解了。

子 嗯。还是不懂。

父 哈哈，爸爸知道的，所以才跟你说是不可思议的嘛。不过1＝0.999999……可是能被充分证明的哦。

思考？

1＝0.999999……的证据

x＝0.999999……　→　（1）

两边同乘10：
10x＝9.99999……　→　（2）

（2）减去（1）：

$$10x = 9.99999\cdots\cdots \to (2)$$
$$- \quad x = 0.999999\cdots\cdots \to (1)$$
$$\overline{}$$
$$9x = 9 \qquad\qquad \to (3)$$

（3）的两边同时除以9，成为：
x＝1，最初的式子是x＝0.999999……
所以1＝0.999999……

18 奇数和偶数

父 奇数和偶数的区别你知道吗？

子 能被2整除的数是偶数，不能被2整除的数是奇数。

父 哦。具体地说，2、4、6、8、10是偶数，1、3、5、7、9是奇数。那0是偶数还是奇数？

子 偶数和奇数交互出现，0挨着奇数1，0不就是偶数吗？

父 这也是种看法啊。刚才说过能被2整除的数是偶数，那想想看，$0 \div 2$是什么呢？

子 $0 \div 2 = 0$，是吧？

父 是啊，有余数吗？

子 没余数，所以是偶数吗？咦？$1 \div 2$怎么样啊？

父 $1 \div 2$的商是0，余数是1，所以1是奇数。

子 是吗？

父 顺便说个事，有一种赌博叫作单双数，猜用两个骰子丢出的点数之和是偶数还是奇数，偶数叫双数，奇数叫单数。

思考？

奇数和偶数

奇数　→　2不能整除的数

偶数　→　2能整除的数

0　→　　0÷2＝0　余数是0，是偶数

单双数赌博　→　偶数为双数，奇数为单数

◆ **数字魔方**

(父) 爸爸教你玩用奇数做的数字魔方，怎么样？

(子) 好，怎么玩？

(父) 在1到50的数当中想出一个两位数，这个两位数的每个数字都必须是奇数，而且不能相同，比如11或33就不行。此外，个位数还必须小于十位数，比如13或35就不符合规则。

(子) 每位数都是奇数的两位数，个位数和十位数不能是同一个数字，个位数要小于十位数，对吧？

(父) 对。

(子) 嗯，我想想啊。

(父) 是31吧？

(子) 对了。怎么知道的？

(父) 哈哈哈。实际上符合刚才说的条件的数，1到50中只有31哦。

(子) 什么啊？原来是这样啊！我也觉得没几个，可是没想到只有31啊。

(父) 同样，这回是50到100的两位数中，符合下面条件的数也只有一个。

子 什么条件?

父 两位数，每位数字都是偶数，个位数和十位数不能一样，而且十位数小于个位数，想想看吧。

子 是68吧?

父 答对了!

思考? 数字魔方

1到50的数当中，满足下列条件的两位数是多少?

. 每位数字都是奇数

. 每位数字不同→11或33不行

. 个位数小于十位数→13或35不行

答案：31

50到100的数中，符合下列条件的两位数是多少?

. 每位数字都是偶数

. 每位数字不同→66或88不行

. 十位数小于个位数→62或82不行

答案：68

第二章 享受计算的乐趣

>>>

你会使用计算器吗？事实上许多人都不太会用，这很令人意外。让我们挑战速算术，让运算更快速吧！

19 掌握计算器的按键用途

子 我不知道计算器上的各个按键都是干什么的。

父 是吗？不知道按键是干什么的，那就肯定用不来啊。计算器这么普及，但出乎意料的是，很多人都不太会用计算器。

子 因为按键上写的都是英文版的希腊字母，不知道是什么意思啊。

父 那我就给你讲讲基本按键的意思和用法。虽然这么说，不同厂家的计算器的按键可能用法还不一样，这比较麻烦。所以要准确地知道某个按键是干什么的，最好看使用说明书。尽管这样，很多东西还是相通的，所以只要知道了基本按键的用法就会很方便了。

子 嗯。那您先告诉我"AC"和"C"是什么意思？

父 "AC"是指全部清除，用来撤销输入的数字。有的计算器上是"CA"，为撤销全部键。总之想要将输入的内容全部撤销，回归到0时就按这个键。

子 那"C"呢？

父 "C"是清除键。有的计算器上是"CE"，为撤销输入键。这个键通常用来更改上一步输入的内容。比如本来想算1+2等于几，误输成1+5，按这个键只会把刚输入的5消掉，然后重新输入2就可以了。

子 我试试。输入1+5，发现错了，按"C"，再输入2，然后"="，
啊，真的耶，答案是3。

父 掌握了"C"和"CE"键，长运算过程中出了错，只需要修改输
错了的内容即可，不用从头重算，这个功能非常便利。此外，如
果计算器上"C"和"CE"键都有，"C"有时代表撤销全部。

思考❓

撤销键

AC：全部清除键

CA：撤销全部键

全部清除输入的数字或命令。想要把输入计算器的内容全部消除
归0时就按这个键。

C：清除键

CE：撤销输入键

清除上一步输入的内容，进行更改时按这个键。

※ **C** 和 **CE** 都有的计算器，**C** 有时表示全部清除。

例

1+2误输成1+3时，马上按 **C** →输入"2"→"="，答案3就会
显示出来。

子 这个"M+""M−"是干什么用的？

父 哦，知道了这两个键的用法会很方便的哦。"M+"是增加记忆键，"M−"是删除记忆键，算加法或减法时，让计算器记住加数或减数时用。你实际用用就知道了。

子 好，怎么用？

父 比如，咱们要算这么一道题：买单价20日元的糖果5个，50日元的巧克力3个，一共多少钱？这时要用到记忆键。

子 $20 \times 5+50 \times 3=100+150=250$。

父 用计算器算时，按这个顺序输入：

[20×5]→ **M+** →[50×3]→ **M+** → **MR**

最后按的"MR"键叫作读取存储内容键，用来显示到那时为止的计算结果。有的计算器上是"RM"——调回存储数据键。

子 我实际输入看看。哇，真的耶！算出来了。想要删除时怎么办？

父 要删除记忆键保存的内容，按一下"MC"记忆撤销键或"CM"撤销记忆键就可以了。有时还可以将"MR"或"MC"合并成一个键，用"MRC"来表示，在这种情况下，按一下"MRC"键，计算器会显示到那时为止的计算结果，按两下就会删除掉。

子 算减法时也一样吗？

父 减法这么算：比如算$17 \times 5-12 \times 3=49$这道题时，这样输入：

[17 × 5]→ **M+** →[12 × 3]→ **M-** → **MR** 。

子 首先按"M+"键，让计算器记住前面的数，然后按"M-"键，是吗?

父 对。两次都按"M-"键的话，就成了−85−36=−121，这点一定要注意。此外，有些计算器上还有个"MS"键，它用来存储计算器中显示的数字。

记忆键的使用方法

M+ ：增加记忆键

存储加数

M− ：删除记忆键

存储减数

MR ：读取存储内容键

RM ：调回存储数据键

显示到那时为止的计算结果或存储内容

MC ：记忆撤销键

CM ：撤销记忆键

清除记忆键存储的内容

MRC 是 **MR** 和 **MC** 的合并键。按一次显示到那时为止的计算结果，按两次表示清除。

MS ：存储计算器中显示的数字。

熟记

记忆键的使用方法

· $20 \times 5 + 50 \times 3 = 250$

$[20 \times 5] \rightarrow$ **M+** $\rightarrow [50 \times 3] \rightarrow$ **M+** $\rightarrow$ **MR**

· $17 \times 5 - 12 \times 3 = 49$

$[17 \times 5] \rightarrow$ **M+** $\rightarrow [12 \times 3] \rightarrow$ **M−** $\rightarrow$ **MR**

◆ 加或乘同一个数字

父 计算器还有个便利的功能。比如，算下面这种算术时：

$27 \times 15 = 405$

$27 \times 23 = 621$

$27 \times 48 = 1296$

子 每个都乘了个27。

父 对。像这样乘以同一个数字时，用下面的方法会很简便。输入
"$27 \times \times 15 =$"，连续摁两次"×"号，计算器就会记住"$27 \times$"
这个信息。所以，下面只要输入"$23 =$"，计算器就会算出27×23
等于多少。

子 我试试。$27 \times \times 15 = 405$，输入"$23 =$"，得621，输入"$48 =$"，
得1296，出来了！

熟记

同乘一个数

27×15=405

27×23=621

27×48=1296

27× ×15=（405）→23=（621）→48=（1296），括号内是结果。

Ⓒ 加法也能算，不过与乘法有细微不同。比如：

27+16=43

27+35=62

27+48=75

不是输入"27++16="，而是输入"16＋＋27="，得43，然后输入"35="得62，输入"48="得75，算好了!

熟记

同加一个数

27+16=43

27+35=62

27+48=75

16++27=（43）→35=（62）→48=（75），括号内是结果。

父 接下来咱们做做减法。

$$10-3=7$$
$$17-3=14$$
$$21-3=18$$

子 做减法的话，输入"$10--3=$"，得7，输入"$17=$"得14，输入"$21=$"得18。啊，对了！

熟 记

同减一个数

$$10-3=7$$
$$17-3=14$$
$$21-3=18$$

$10--3=$（7）→$17=$（14）→$21=$（18），括号内是结果。

父 下面是除法，应该没问题吧?

$$10÷2=5$$
$$20÷2=10$$
$$30÷2=15$$

子 要让计算器记住÷2，所以是$10÷÷2=5$，太好了！接着输入

"20="得10，输入"30="得15，做好了！

熟 记

同除一个数

$10 \div 2 = 5$

$20 \div 2 = 10$

$30 \div 2 = 15$

$10 \div \div 2 = (5) \to 20 = （10） \to 30 = (15)$，括号内是结果。

◆ 还有如此便利的键！

父 有的计算器上有"GT"总值键。这个键也很便利。

子 这个键听起来好像功能很不简单啊。

父 总值的意思就是总计，而且"GT"键还是记忆键的一种。比如刚
才做过的这道题，用"GT"键可以这么做：先按顺序算，最后按
"GT"键。

$20 \times 5 + 50 \times 3 = 250$

$[20 \times 5 = (100)] \to [50 \times 3 = （150）] \to$ GT

子 明白了。这样就简单多了。

熟记

"GT" 总值键的使用方法

GT 总值键

→记忆键的一种。用来求总值。

例

$20 \times 5 + 50 \times 3 = 250$

$[20 \times 5 = (100)] \rightarrow [50 \times 3 = (150)] \rightarrow$ GT ，括号内是结果。

本游戏是适合低年级学生做的加法游戏。

本迷宫的玩法是先加上前一个数字，然后走到答案所在的位置。

本游戏玩法简单，孩子们也喜欢玩，值得推荐。

．　只能向上、下、左、右4个方向走。

．　加上前一个数字，所得结果是几就走到几。

．　相加结果是两位数时，走到个位数所在的位置。

具体的迷宫行进方法见下页图和以下说明。

1. 从5出发。

2. 5+3=8，所以按5→3→8的方向行进。

3. 8的前一个是3，3+8=11，所以走到1。

4. 1的前一个是8，8+1=9，所以走到9。

5. 9的前一个是1，1+9=10，所以走到0。

下面以此类推。

5	2	1	0	3	4	5	9	3
3	0	4	2	0	3	5	4	2
8	1	9	0	9	1	9	7	5
3	4	6	0	9	2	6	2	4
6	2	5	7	8	5	3	9	1
5	7	6	8	1	5	3	6	0
5	9	0	6	7	3	0	1	1
1	6	5	1	8	5	3	2	7
2	0	8	9	3	1	4	5	9

↓

7	1	9	1	0	1	5	9	4
5	2	2	7	6	1	4	2	3
3	7	9	5	3	2	1	0	7
1	5	6	2	5	8	3	7	5
6	2	9	3	9	1	2	7	5
7	3	4	5	2	1	8	4	1
8	0	3	9	0	9	3	6	5
7	2	3	6	9	2	5	1	2
9	5	7	8	9	3	8	7	3

→

↓

7	1	8	1	3	5	2	9	7
4	0	9	5	0	3	7	8	6
3	8	7	6	9	8	0	1	3
0	2	9	3	5	0	4	7	9
3	1	5	2	7	1	3	1	2
4	2	4	3	9	2	0	3	9
7	1	0	6	8	1	7	4	7
0	8	9	7	9	3	9	8	1
7	4	3	1	2	6	7	4	3

→

20 用计算器娱乐

父 知道了怎么用计算器，那我们就用计算器玩玩儿吧。

子 用计算器玩儿?

父 也就是用计算器做让人意外的运算。比如，"142857"的乘法运算。
你做做看，142857×2。

子 142857×2＝285714。

父 发现什么没有?

子 数字的排列顺序变了。142857的14移到了最后，变成了285714。

父 对。数字还是那么几个，只是顺序换了，对吧? 下面是给你讲
计算器的用法时讲过的内容，先输入"142857××"，按两次
"×"，把"142857×"存储到计算器里。然后从2乘到6看看。

子 嗯。输入"142857××"后，从2开始输:

142857×2＝285714

142857×3＝428571

142857×4＝571428

142857×5＝714285

142857×6＝857142

子 真的耶！数字都一样，只是顺序不停地在调换。

父 那么，最后乘以7会怎么样呢？你做做看。

子 $142857 \times 7 =$ （※亲自做做看）

啊，太厉害了！这是怎么变的呢？

父 了不起吧？有点儿不可思议啊。

子 乘以8或9的话，就不是按这个规律变了吗？

父 是啊。只是乘以2到6的数字才这样。乘以7后，结果让人感觉有点儿吃惊。实际上142857可是1÷7得到的数字哦。

子 真的耶！1÷7=0.142857142857……，142857无限循环。

练 习

142857的乘法

$142857 \times 2 = 285714$

$142857 \times 3 = 428571$

$142857 \times 4 = 571428$

$142857 \times 5 = 714285$

$142857 \times 6 = 857142$

$142857 \times 7 =$ 让人吃惊的结果！

另外，$1 \div 7 = 0.142857142857\cdots$

◆计算器按键相加

父 计算器的按键是怎么排列的?

子

父 按照排列顺序，除了中间的5，从任意一个数字开始，每三个组成一个数字，按接龙的方法转一圈，然后把得到的数加起来看看。

子 是123+369+987+741吗?

父 嗯，这样也可以。答案是多少?

子 123+369+987+741=2220

父 这次，从别的数字开始，方法和上面的一样，再做一次看看。

子 236+698+874+412=2220，结果和刚才一样! 可是加数完全不一样! 太神奇了!

父 是吧。

子 这次我倒过来加一次。

789+963+321+147=2220

896+632+214+478=2220

果然，怎么加都是2220。

熟记

计算器按键相加

按照按键排列顺序，除了中间的5，从任意一个数字开始，每三位组成一个数字，按接龙的方法转一圈，然后把得到的数加起来看看。

123+369+987+741=2220

236+698+874+412=2220

789+963+321+147=2220

896+632+214+478=2220

◆1的乘法

(父) 这种题你做得怎么样，只有1的乘法？1×1等于几？

(子) 1×1=1。

(父) 11×11呢？用计算器算算。

(子) 11×11=121。

(父) 111×111呢？

(子) 111×111=12321。好有趣啊！

(父) 1111×1111会是多少呢？不用计算器也知道了吧？

(子) 1111×1111=1234321吗？

(父) 实际确认一下。

(子) 1111×1111=1234321。中间的那个数字是1的个数。1继续增加会怎样呢？

(父) 用计算器算算就知道了呗。

(子) 中间的那个数是1的个数，所以我们能猜出一直到9个1相乘的结果。

5个1：11111×11111=123454321

6个1：111111×111111=12345654321

7个1：1111111×1111111=1234567654321

8个1：11111111×11111111=123456787654321

9个1：111111111×111111111=12345678987654321

那1有10个时会是什么样的呢? 可是这个计算器算不了这么多位的乘法啊。

父 电脑里的计算器可以。你试试看。

子 哦，这样就没问题了! 好期待啊! 结果会怎样呢?

10个1→1111111111×1111111111=（※亲自做做看）

咦? 成这样了啊!

练习

1的乘法

1个1→1×1=1

2个1→11×11=121

3个1→111×111=12321

4个1→1111×1111=1234321

5个1→11111×11111=123454321

6个1→111111×111111=12345654321

7个1→1111111×1111111=1234567654321

8个1→11111111×11111111=123456787654321

9个1→111111111×111111111=12345678987654321

10个1→1111111111×1111111111=（※亲自做做看）

◆一个数字构成积的乘法

父 101的乘法也很有意思哦。你给101乘以11、22这种个位和十位数相同的两位数看看。

子 $101 \times 11 = 1111$

$101 \times 22 = 2222$

$101 \times 33 = 3333$

$101 \times 44 = 4444$

$101 \times 55 = 5555$

是这个样子的吗?

父 接下来,给1001乘以111、222这种数字看看。

子 $1001 \times 111 = 111111$

$1001 \times 222 = 222222$

$1001 \times 333 = 333333$

$1001 \times 444 = 444444$

$1001 \times 555 = 555555$

父 现在,你给除去8的连续数字12345679乘以9看看。

子 $12345679 \times 9 = 111111111$,全都是1了。真挺神奇的啊。

父 更神奇的还在后头呢!你再给12345679乘上9的倍数18看看。

子 $12345679 \times 18 = 222222222$,全都是2了。

父 同样地,你再乘上9的倍数27、36等看一下。

子 $12345679 \times 27 = 333333333$

$12345679 \times 36 = 444444444$

$12345679 \times 45 = 555555555$

$12345679 \times 54 = 666666666$

$12345679 \times 63 = 777777777$

$12345679 \times 72 = 888888888$

12345679 × 81=999999999

到这儿为止都如我们所料，那乘以90会怎样呢？

12345679 × 90=（※亲自做做看）

啊？成这样了啊！

练 习

一个数字构成积的乘法

[101的乘法]

101 × 11=1111

101 × 22=2222

101 × 33=3333

101 × 44=4444

101 × 55=5555

[1001的乘法]

1001 × 111=111111

1001 × 222=222222

1001 × 333=333333

1001 × 444=444444

1001 × 555=555555

[12345679和9的倍数相乘]

12345679 × 9=111111111

12345679 × 18=222222222

12345679 × 27=333333333

12345679 × 36=444444444

12345679 × 45=555555555

12345679 × 54=666666666

12345679 × 63=777777777

12345679 × 72=888888888

12345679 × 81=999999999

12345679 × 90=（※亲自做做看）

◆ 数字金字塔

父 看这个东西。怎么样，好看吧？

$$1 \times 9 + 2 = 11$$

$$12 \times 9 + 3 = 111$$

$$123 \times 9 + 4 = 1111$$

$$1234 \times 9 + 5 = 11111$$

$$12345 \times 9 + 6 = 111111$$

$$123456 \times 9 + 7 = 1111111$$

$$1234567 \times 9 + 8 = 11111111$$

$$12345678 \times 9 + 9 = 111111111$$

$$123456789 \times 9 + 10 = 1111111111$$

$$1 \times 8 + 1 = 9$$

$$12 \times 8 + 2 = 98$$

$$123 \times 8 + 3 = 987$$

$$1234 \times 8 + 4 = 9876$$

$$12345 \times 8 + 5 = 98765$$

$$123456 \times 8 + 6 = 987654$$

$$1234567 \times 8 + 7 = 9876543$$

$$12345678 \times 8 + 8 = 98765432$$

$$123456789 \times 8 + 9 = 987654321$$

子 真像数字金字塔啊！

◆9的除法

(父) 下面是9的除法。你用1到9分别除以9看看。

(子) 1÷9=0.111111111……

2÷9=0.222222222……

3÷9=0.333333333……

4÷9=0.444444444……

5÷9=0.555555555……

6÷9=0.666666666……

7÷9=0.777777777……

8÷9=0.888888888……

(父) 这种数字称为无限循环小数。那9÷9等于几呢？

(子) 9÷9＝1喽。

(父) 可是你看看计算器的计算结果，8÷9之后9÷9应该是等于 0.999999999……，对吧？

(子) 哦，对了！以前您告诉过我，1=0.999999999……，是吧？

(父) 记得还挺清楚的嘛。确实是那么回事儿。9÷9既能等于1又能等于 0.999999999……。也就是说，9÷9=1=0.999999999……。

(子) 怎么回事啊？越来越不懂了。

(父) 哈哈哈，是吗？9的除法中，用两位数除以99，三位数除以999也 很有趣哦。

(子) 12÷99=0.12121212……

123÷999=0.123123123……，被除数不断重复。

(父) 这也是无限循环小数哦。

练 习

9的除法

$1 \div 9 = 0.1111111111\cdots\cdots$

$2 \div 9 = 0.2222222222\cdots\cdots$

$3 \div 9 = 0.3333333333\cdots\cdots$

$4 \div 9 = 0.4444444444\cdots\cdots$

$5 \div 9 = 0.5555555555\cdots\cdots$

$6 \div 9 = 0.6666666666\cdots\cdots$

$7 \div 9 = 0.7777777777\cdots\cdots$

$8 \div 9 = 0.8888888888\cdots\cdots$

$9 \div 9 = 0.9999999999\cdots\cdots = 1?$

两位数除以99

$12 \div 99 = 0.12121212\cdots\cdots$

三位数除以999

$123 \div 999 = 0.123123123\cdots\cdots$

◆**三位数的减法**

㊀ 随便写一个三位数，只要各位数字不一样就行。

㊁ 758。

㊀ 用这三个数字组成的最大值减去它们组成的最小值。

㊁ $875 - 578 = 297$。

（父） 把得出的答案也用同样的方法不停地减下去。

（子） 972−279=693

963−369=594

954−459=495

954−459=495

咦？和上个式子重复了。

（父） 是啊。把三位数像这样减，最终结果肯定是495。

（子） 不管三位数是多少吗？

（父） 对啊。

（子） 321−123=198

981−189=792

972−279=693

慢慢地和刚才出现过的式子一样了。再算下去肯定是495。

（父） 仔细观察你会发现，第一个式子的差，十位数是9，个位和百位数之和也是9，看出来没？

（子） 真的耶！

（父） 秘密就在这儿。剩下的你自己想吧。顺便告诉你，4位数这么减的话，结果是6174。

（子） 9876−6789=3087

8730−0378=8352

8532−2358=6174

出来了！

练习

三位数的减法

　　各位数字相异的三位数，将其各位数字组成的最大值减去其组成的最小值。

$875-578=297$

$972-279=693$

$963-369=594$

$954-459=495$ → 肯定得到"495"！

四位数：

$9876-6789=3087$

$8730-0378=8352$

$8532-2358=6174$ → 肯定得到"6174"！

算术游戏　扑克小町算

　　小町算是指用1到9这9个数字（也可以是这9个数字组成的两位数或三位数）经过运算得到结果为100的游戏。

　　比如：1+2+34−5+67−8+9=100

　　顺便介绍一下，小町指的就是日本大名鼎鼎的美人小野小町*。这个游戏是从《求爱九十九夜》里来的。

　　书中记载，迷恋上小野小町的贵族子弟"一夜、两夜、三夜、四夜、七夜、八夜、九夜、十夜（没有五夜、六夜，不是漏写），一共去了小野小町住处九十九夜，小町都没见他"，从此衍生出了用1、2、3、4、7、8、9、10这几个数字算和为99的猜谜游戏。

　　这儿咱们用扑克牌来做小町算。

1. 去掉扑克牌中10以上的牌。

2. 洗好牌。

3. 从上面摸4张牌，依次排列，正面朝上。

4. 翻过第5张牌，放到那4张牌上。

5. 把那4张牌上的数字经加减乘除，得到第5张牌上显示的数字。

---

*小野小町（约809—约901），是日本平安时代早期著名的女和歌诗人，著有《小町集》。日本民间有传言说她曾是仁明天皇的后宫更衣，相传容貌美丽绝伦，故小町成为后世美女的代称。

实践

比如，4张牌上的数字分别是1、2、3、4，第5张牌上的数字是6，于是：$2 \times 4 + 1 - 3 = 6$。

21
灵活善变，算得更快

父 做算术题时，不要单纯地从头到尾依次算，有时候先想好运算顺序再算会简单得多。比如这道题：

▶123−99=

子 比起直接减99，先把99换作100减掉，之后再加上1，这样很简单就算出来了。

▶123−99=123−100+1=23+1=24

父 嗯，对。那这样的呢？

▶26+84=

子 分别把26和84分解成20加6和80加4，20加80，6加4，这么算比较简单。

▶26+84=20+6+80+4=（20+80）+（6+4）=100+10=110

父 很好嘛。还有这个：

▶ 298+197＝

子 把298看作300，把197看作200，把它俩相加，然后把补上的2和3一共是5减掉，就简单多了。

▶ $298+197=300+200-（2+3）=500-5=495$

父 这个呢？

▶ 12+34+88+66＝

子 不要按顺序算，调整顺序后再算会容易一些。

▶ $12+34+88+66=（12+88）+（34+66）=100+100=200$

父 下面的乘法也是同样的道理。

▶ $57×18+57×82＝$

子 嗯。这道题18、82都和57相乘，所以先算18+82，再乘57，很容易就算出来了。

▶ $57×18+57×82=57×（18+82）=57×100=5700$

(父) 这个也比较简单。

▶100−6−6−6−6−6=

(子) 先把6全加起来再减。

▶100−6×5=100−30=70

(父) 做得很好，完全正确！

思考 ?

灵活善变，算得更快

(1) 123−99=

(2) 26+84=

(3) 298+197=

(4) 12+34+88+66=

(5) 57×18+57×82=

(6) 100−6−6−6−6−6=

答案

(1) 123−99=123−100+1=23+1=24

(2) 26+84=20+6+80+4=（20+80）+（6+4）=100+10=110

(3) 298+197=300+200−(2+3)=500−5=495

(4) 12+34+88+66=（12+88）+（34+66）=100+100=200

(5) 57×18+57×82=57×(18+82)=57×100=5700

(6) 100−6−6−6−6−6=100−6×5=100−30=70

◆乘法的技巧

父 那这样的怎么算啊？

---
(1) $15 \times 12 =$

(2) $25 \times 18 =$

子 15×12 是 $15 \times (10+2) = 150+30=180$，对吧？

父 嗯，不错嘛。再想想其他算法。

子 呃，什么方法？

父 像 15×12 这样，5的倍数和偶数相乘时，把偶数12分解成 2×6，$15 \times 12 = 15 \times 2 \times 6 = 30 \times 6 = 180$，这种方法也可以。

子 这样啊。那 $25 \times 18 = 25 \times 2 \times 9 = 50 \times 9 = 450$。

父 下面的题怎么做？

---
(1) $234 \times 5 =$

(2) $876 \times 5 =$

子 完全不知道。

父 像这种偶数和5的倍数相乘时，要特别关注 "×5"。"×5" 就等于 "÷2×10"。比如 $4 \times 5 = 4 \div 2 \times 10 = 2 \times 10 = 20$，最后毫无疑问地得到结果20。

子 这么说的话，234×5 就相当于 $234 \div 2 \times 10 = 117 \times 10 = 1170$ 了。
同样，$876 \times 5 = 876 \div 2 \times 10 = 438 \times 10 = 4380$。

熟 记

乘法的技巧

5的倍数×偶数 → 将偶数分解为"2×整数"

→ ×12= ×2×6

→ ×18= ×2×9

$15 \times 12 = 15 \times 2 \times 6 = 30 \times 6 = 180$

$25 \times 18 = 25 \times 2 \times 9 = 50 \times 9 = 450$

偶数×5 → 偶数÷2×10

$234 \times 5 = 234 \div 2 \times 10 = 117 \times 10 = 1170$

$876 \times 5 = 876 \div 2 \times 10 = 438 \times 10 = 4380$

◆**除法的技巧**

父 除法也可以用类似的方法做。比如下面的题:

(1) $234 \div 5 =$

(2) $343 \div 5 =$

这种情况要把"÷5"看作"×2÷10"。

子 就是说(1)是$234 \times 2 \div 10$吗?

父 对。算算看。

子 $234 \times 2 \div 10 = 468 \div 10 = 46.8$

第(2)题，$343 \div 5 = 343 \times 2 \div 10 = 686 \div 10 = 68.6$

熟 记

除法的技巧

把"$\div 5$"看作"$\times 2 \div 10$"来算。

$234 \div 5 = 234 \times 2 \div 10 = 468 \div 10 = 46.8$

$343 \div 5 = 343 \times 2 \div 10 = 686 \div 10 = 68.6$

父 1到100的数加起来是多少？

子 这不可能一下就算出来吧？

父 可是有办法一下就算出来哦。

子 1到100相加之和吗，怎么做啊？

父 从1加到10应该怎么算？

子 1+2+3+……

父 这么加的话，要加到100不是要费好大功夫吗？快点儿的算法呢？

子 1+9、2+8、3+7、4+6的和都是10，加上10，共50，再加上剩下的 5，得55。

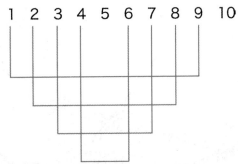

$$10 \times 4 + 10 + 5 = 40 + 10 + 5 = 55$$

父 用这种方法怎么算1到100的和呢？

子 1+99、2+98、3+97……47+53、48+52、49+51，到这儿共有49个100，加上剩下的50和100就可以了。49×100+150=5050。

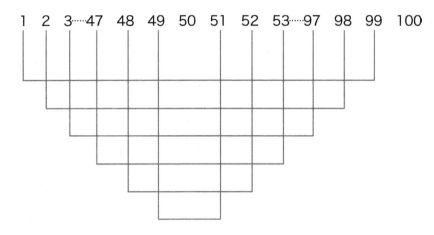

$$100 \times 49+100+50=4900+100+50=5050$$

父 非常不错！再想想别的办法。

子 别的办法？啊！还能这么做！

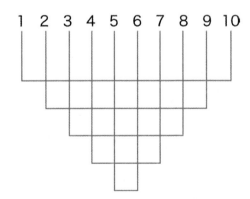

$$11 \times 5=55$$

父 真不错！挺厉害的嘛！这种方法应用到求1到100的和该怎么

做呢？

子 1+100、2+99、3+98……这样加起来每个都是101，共有50个，所以101×50=5050。

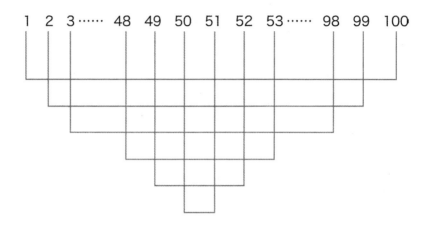

$101 \times 50 = 5050$

父 对。这种方法和德国的数学家高斯上小学时想到的方法几乎一样哦！

子 嗯？

父 据说有一次老师让同学们求1到100相加之和，高斯马上就得出了答案。

子 高斯是怎么做的？

父 和刚才的方法类似。高斯的解法是给1到100的数字按顺序分别加上100到1，1+100、2+99、3+98……98+3、99+2、100+1这样子。于是每对都等于101，共有100对。但是这实际上是原来和的2倍，所以最后除以2就可以了。

$101 \times 100 \div 2 = 10100 \div 2 = 5050$

熟 记

1到100相加之和

1+2+3+4+5+……+96+97+98+99+100

+100+99+98+97+96+……+5+4+3+2+1

＝101+101+101+101+101＋……+101+101+101+101+101

=101×100=10100

实际结果是这个结果的一半，所以10100÷2=5050。

23 求相连数字之和

父 实际上有公式可以求这种相连数字的和。

子 您说的公式指的是计算式吗?

父 对。你想想看会是什么公式呢?

子 让我想想……

父 思考这种问题时,最好从简单的例子着手。首先想想刚刚我们求1到100相加之和是怎么做的,用这个方法求1到10相加之和时应该怎么做?

子 1到10的数字分别加上10到1,结果除以2就行了。

$$1 + 2 + 3 + 4 + 5 + 6 + 7 + 8 + 9 + 10$$
$$+10 + 9 + 8 + 7 + 6 + 5 + 4 + 3 + 2 + 1$$

$$= 11 + 11 + 11 + 11 + 11 + 11 + 11 + 11 + 11 + 11$$
$$= 11 \times 10 \div 2 = 110 \div 2 = 55$$

父 你试试把这个运算过程写成算式。

子 $(1+10) \times 10 \div 2 = 55$

㊊ 1+10是什么加什么?

㊐ 什么意思?

㊊ 就是说1到10里的哪个数字。

㊐ 第一个和最后一个数字。

㊊ 对了。×10里的10是哪个数字?

㊐ 1到10的数字个数。

㊊ 完全正确。现在公式已经出来了,不是吗? 把(1+10)×10÷2换成刚才的描述。

㊐ (第一个数+最后一个数)×数字个数÷2。

㊊ 做得不是挺好的吗? 用这个公式,下面这样的题一下就能做出来吧?

6+7+8+9+10+11+12+13+14+15

㊐ 带到公式"(第一个数+最后一个数)×数字个数÷2"里算就可以了。

(6+15)×10÷2=21×10÷2=210÷2=105。

熟 记

求相连数字之和

相连数字之和=(第一个数+最后一个数)×数字个数÷2

1+2+3+4+5+6+7+8+9+10
=(1+10)×10÷2=11×10÷2=110÷2=55

23+24+25+26+27
=(23+27)×5÷2=50×5÷2=250÷2=125

父 求相连数字之和还能用一种方法。比如，1+2+3+4+5，注意中间的3。

子 嗯。然后呢?

父 然后你看1和5，1和5的平均值是多少?

子 (1+5)÷2=6÷2=3，啊! 是3。

父 2和4的平均值呢?

子 (2+4)÷2=6÷2=3。

父 也就是说，1+2+3+4+5和3+3+3+3+3一样。所以，1+2+3+4+5=3+3+3+3+3=3×5=15。

子 这个意思啊。23+24+25+26+27的话，最中间的25乘以5，25×5=125。

父 就是这个意思。还有一种情况也可以这么做。就是像1+3+5+7+9这样等量增长的情况。这个例子中的数字是按2递增的。

子 最中间的5乘以5，5×5=25。
3+6+9+12+15=9×5=45。是吧?

父 对。

熟 记

相连数字之和

1+2+3+4+5→注意正中间的3！

$$(1+5)\div2=3$$
$$(2+4)\div2=3$$

$$1+2+3+4+5=3+3+3+3+3$$
$$=3\times5$$
$$=15$$

$$23+24+25+26+27=25+25+25+25+25$$
$$=25\times5$$
$$=125$$

$$1+3+5+7+9=5+5+5+5+5$$
$$=5\times5$$
$$=25$$

$$3+6+9+12+15=9+9+9+9+9$$
$$=9\times5$$
$$=45$$

父 你随便写3个四位数。

子 7862、1623、4925。

父 弄得稍微难点儿，爸爸再补上2个数。就8376和5074吧。现在爸爸能知道这5个数字的和，是27860。

子 咦？真的吗？

父 你用计算器算算看。

子 还真是啊！27860。您怎么能算得那么快呢？

父 秘密就在爸爸后来补上的那2个数字上。

子 怎么回事？

父 从最初写的3个数字当中选出2个来，然后补上2个数，补上的数分别和选出来的那2个数字相加之和为9999，这个例子中，1623+8376=9999，4925+5074=9999。所以马上就能知道应该补上多少了，对吧？

子 嗯，嗯，然后呢？

父 这5个数字相加之和就等于在没有被补成9999的那个最初写下的数字前面加一个2，再从得到的数字中减去2。

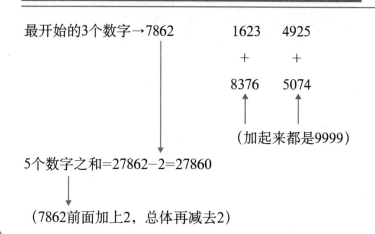

熟记

速算技巧

最开始的3个数字→7862

1623   4925
+   +
8376   5074

（加起来都是9999）

5个数字之和＝27862−2＝27860

（7862前面加上2，总体再减去2）

子 爸爸您竟然知道这么简单的方法，真是太厉害了！

父 你懂其中的道理吗？

子 最后，这5个数字之和成了7862+9999+9999，9999=10000−1，所以就等于7862+20000−2。

父 完全正确。

$$7862+1623+8376+4925+5074$$
$$=\ 7862+9999+9999$$
$$=\ 7862+10000-1+10000-1$$
$$=\ 7862+20000-2$$
$$=\ 27862-2$$
$$=\ 27860$$

 56×54等于几？

子

$$
\begin{array}{r}
56 \\
\times\,54 \\
\hline
224 \\
280\ \ \\
\hline
3024
\end{array}
$$

父 嗯，正确。但是，对这种乘法运算，有种简便方法，可以不用那么麻烦地计算，就能马上知道结果。

子 咦？真的？

父 嗯。我给你再举个例子。比如，72×78这样的乘法题，我也能一下就知道它的答案是5616。你用计算器确认一下。

子 72×78，是5616。

父 除此以外，能用这种方法求的还有15×15、23×27、31×39，等等。这些算式的共同点是什么？

子 共同点？知道了！十位数一样，个位数加起来等于10。

父 对了。十位数相同、个位数加起来是10的两位数相乘是能用简便方法算的哦。

子 怎么算?

父 用刚才做过的56×54给你讲吧。十位数的5与5加1得到的6相乘,即$5×6=30$,然后个位数相乘$6×4=24$,这两个数字合起来为3024,这就行了。

子 这样就行了?

父 总之,十位数和十位数加1所得数相乘得出一个数字,个位数相乘得出一个数字,把这两个数字合并就行了。72×78的话,十位数7乘以7加1得到的8,即$7×8=56$,然后个位数2和8相乘得16,二者合并即5616。

子 太厉害了!

父 15×15的话,1乘以2得到的2和5乘以5得到的25合并,得到225。23×27的话,2乘以3得到的6和3乘以7得到的21合并得621。相当简便啊。

十位数相同、个位数之和是10的两位数相乘，可以简单运算。

↓

十位数和十位数加1的数字相乘，个位数相乘，最后只要将得到的两个数字合并就行。

76×74

→7×8=56（十位数同十位数加1所得数字相乘）

→6×4=24（个位数相乘）

→5624（两个数字合并）

91×99

→9×10=90

→1×9=09（不要漏掉十位的0）

→9009

用这种方法还能速算下面的题。

(1) 11×19　(2) 23×27　(3) 38×32

(4) 43×47　(5) 51×59　(6) 67×63

(7) 74×76　(8) 85×85　(9) 96×94

答案

(1) 209　(2) 621　(3) 1216

(4) 2021　(5) 3009　(6) 4221

(7) 5624　(8) 7225　(9) 9024

◆24×84也能简便算

父 这回是24×84，十位数相加是10、个位数相同的两位数相乘。这样的也可以简便算。

子 和刚才一样吗？

父 十位数相乘后加上个位数，个位数相乘，两个数字合并就可以了。

子 24×84的话，2×8+4=16+4=20，4×4=16，20和16合并是2016。

父 你用计算器确认一下对不对。

子 24×84=2016，很正确。

父 那么47×67呢？

子 47×67是，4×6+7=24+7=31，7×7=49，合并后得3149。

父 再做一个，39×79呢？

子 39×79是3×7+9=30，9×9=81，合并得3081。

$$72 \times 78 \qquad\qquad 31 \times 39$$
$$\downarrow \qquad\qquad\qquad \downarrow$$
$$7 \times 8 \quad 2 \times 8 \qquad 3 \times 4 \quad 1 \times 9$$
$$\downarrow \qquad\qquad\qquad \downarrow$$
$$5616 \qquad\qquad\quad 1209$$

两位数相乘

十位数之和是10、个位数相同的两位数相乘，可以用简便方法计算。

↓

十位数相乘所得积加上个位数，个位数相乘，最后只要将所得的两个数字合并就行。

24×84

→2×8+4=16+4=20

(十位数相乘所得积加上个位数)

→4×4=16 (个位数相乘)

→2016 (两数合并)

11×91

→1×9+1=9+1=10

→1×1=01 (不要漏掉十位的0)

→1001

用这个方法还可以速算下面的题：

(1) 43×63 (2) 51×51 (3) 67×47

(4) 74×34 (5) 85×25 (6) 96×16

答案

(1) 2709 (2) 2601 (3) 3149 (4) 2516 (5) 2125 (6) 1536

第三章

打造数学头脑

其实数学是个很有趣的世界，你可以玩数字迷宫、一笔画、阿弥陀签、七巧板，还能了解有关麦比乌斯环、四色问题、水桶的盖子以及蜂窝形状等问题的奥秘。

父 在下面的格子里分别填入1～9之间的数字，并且要使它们无论是横着相加、竖着相加或者斜着相加，和都是一样的，你要怎么填?

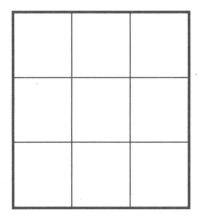

这种横向、纵向和斜向之和都一样的游戏就叫数字迷宫。

子 嗯，太难了，我一点儿都不懂。

父 那你可以先想想横向之和、纵向之和以及斜向之和是多少，还有从1到9所有数字之和又是多少。

1+2+3+4+5+6+7+8+9=?

父 这里不是说让你从左到右挨个儿相加，用更简便一点儿的方法，懂吗？做数学题，最重要的就是要会思考，而不是用笨办法。

子 啊？那这个要怎么做呢？

父 1加9等于几？

子 10。

父 这不就是提示吗？

子 啊！想起来了，以前说过。1+9、2+8、3+7、4+6都等于10，加起来是40，再加上剩下的5就等于45。

父 对，就是这样。那我们再看看这个迷宫图，它横向和纵向都分为3列或3行，也就是说，横向3行和纵向3列加起来都等于45，那每行或每列的和呢？

子 45除以3等于15，那就是15了？

父 嗯，这样就算出来每行、每列和斜向的和都是15，而每行、每列或斜向的空格又都是三个，15除以3等于5，那么最中间的空格应该填5。

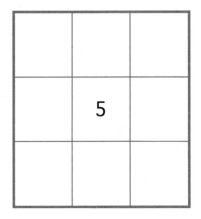

子 原来是这样啊。

父 说到这里你应该懂了吧，剩下的空格怎么填？

子 总和是15，中间的数字又是5，那5两边的数字之和就是10了。

父 就是这样，那接下来你想到什么了呢?

子 啊！和刚才1加到9的方法有关。既然1+9、2+8、3+7、4+6都等于10，那它们就都可以放在5两边。

父 说得对，那你填一下试试看。

子 按顺序把 1 和9、2和8、3和7、4和6填上的话，就成这样了。

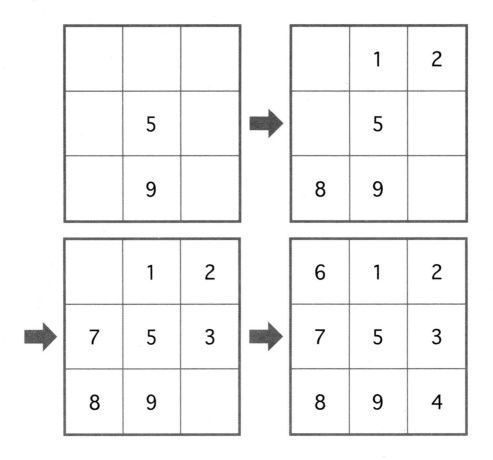

这样加一下，只有十字形方向和对角线方向加起来等于15，但左边一列和右列一列以及第1行和第3行就不等于15了。

父 嗯，就差一点儿了，你觉得应该怎么办？

子 知道了，2和8换一下位置就成了。

6	1	8
7	5	3
2	9	4

父 这样我们就完成了一个3×3的数字迷宫了。

◆**试试其他思路！**

父 这道题你还有其他思路吗？

子 可以移动那些和等于10的组合数，比如都顺时针移动一格，但这样也不是所有的和都等于15呀。

6	1	8
7	5	3
2	9	4

➡

7	6	1
2	5	8
9	4	3

115

父 那你再顺时针转一格看看。

7	6	1
2	5	8
9	4	3

➡

2	7	6
9	5	1
4	3	8

子 真的可以！这样的话，所有行、列以及斜向之和都等于15了。

父 知道这次与上次完成的有什么不同吗？

子 只要1在每行的中间或者每列的中间就行。

6	1	8
7	5	3
2	9	4

➡

2	7	6
9	5	1
4	3	8

4	9	2
3	5	7
8	1	6

8	3	4
1	5	9
6	7	2

父 嗯，这样就有4种不同的解法了。那只有这4种吗？

子 应该也可以对调左右两边的数字。

6	1	8
7	5	3
2	9	4

8	1	6
3	5	7
4	9	2

果然可以，那接下来就对调上下的数字看看。

6	1	8
7	5	3
2	9	4

2	9	4
7	5	3
6	1	8

啊！真的成了。如果把刚才改变1的位置得到的4幅图中的第3幅中的左右数字再对调，也是这样的结果。

父 对，也就是说，我们可以在那4种结果上再对调左右数字，就又得到了4种新的方法。

8	1	6
3	5	7
4	9	2

6	7	2
1	5	9
8	3	4

2	9	4
7	5	3
6	1	8

4	3	8
9	5	1
2	7	6

◆ 采用其他方法完成迷宫图

父 以前我们做数字迷宫用的都是很普通的方法，实际上还有更简单的方法。

子 啊？什么方法？

父 像这样一开始先把数字填进去。

6	1	2
7	5	3
8	9	4

虽然有些地方加起来不等于15，构不成迷宫，但看了这个，你想到了什么？

子 这是先把1放到第一行中间，然后从左到右，再向下，再从右下角斜向上到左上角，再向下，最后向右这样数字由小到大依次排列的。

父 嗯，迷宫图就是这样来做。把1放在行或列的中间，然后按我上面的方法依次填进1到9的数字，最后把2和8进行互换就可以了。

子 就像这样，从1开始，接着向下，然后到左，再斜向右，再向左，最后向下，依次填入数字，最后对调2和8的位置吗？

119

8	7	6
9	5	1
4	3	2

2	7	6
9	5	1
4	3	8

父 还有其他方法呢，比这更简单，更漂亮。

子 简单漂亮?

父 是啊，首先像这样，在3×3的迷宫图的上、下、左、右的中间分别加一个小方格，然后按斜向下的方向，从左到右依次填放9个数字，然后把迷宫图外面多出来的数字填放到它对面方向的空格内，这样很快就能完成迷宫图了。

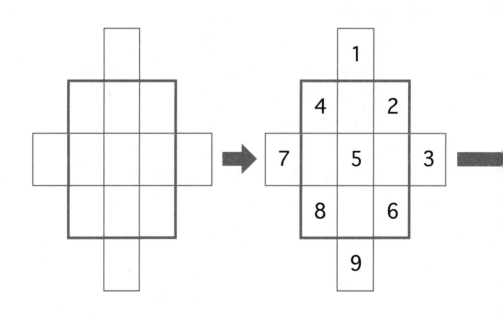

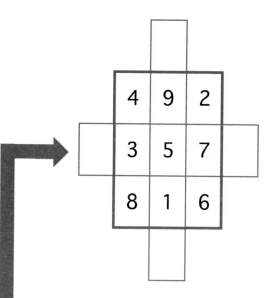

子 好厉害！这种方法真有意思！

父 在做5×5的奇数迷宫图时，也可以用这种方法。

子 嗯，就是先加一些空格，然后按斜向下的方向依次填数，再把迷宫图外的数字填入它对面方向的空格内就可以了，对吧？

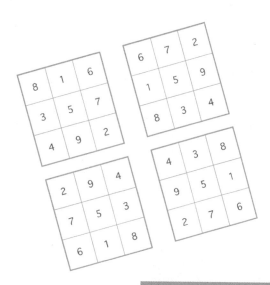

121

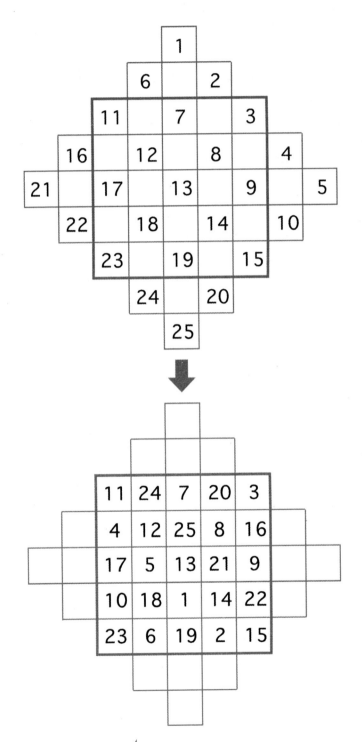

真的！这方法太棒了！也可以用在所有的和都是65的迷宫图上！

◆另一种方法

不要高兴得太早，还有其他的方法呢。来解说一下3×3的迷宫图吧。

① 在第一行的中间一格填入1，在1的右上方填入2。

② 因为2是在迷宫图外边，所以将2移至它对面的空格。

③ 在2的右上方填入3，再将3移至它对面的空格。

④ 同样，在3的右上方填入4，因为已经有1了，所以把4移至3的下边。

⑤ 依次在4的右上方填入5，在5的右上方填入6。

⑥ 在6的右上方填补上7，因为6的右上方不能填入数字，所以将7填到6的下方。

⑦ 同样的道理，在数字的右上方填入接下来的数字，如果数字在外边就移至它的对面。如果该数字的右上方不能填入数字的话，就填到该数字的下方。

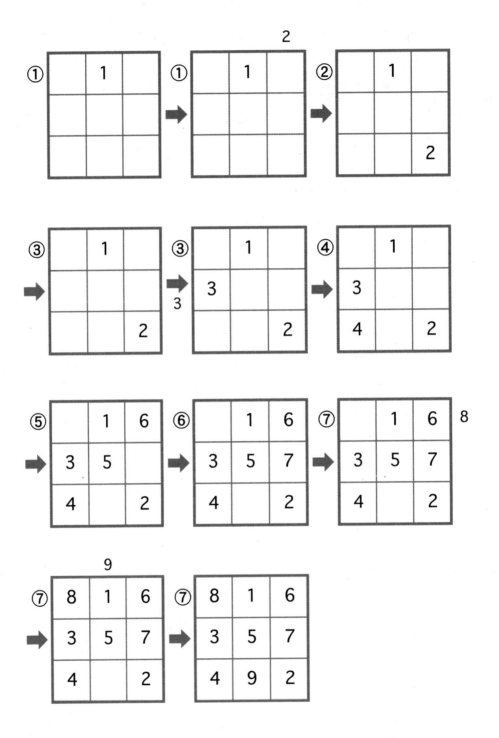

子　按这样的方法也可以制作5×5的迷宫图吗？

父　当然可以，你试试。

子　先将1填入第一行中间的空格，依次在右上方填入接下来的数字，如果数字在外面就移至它对面的空格。右上方不能填数字的话就填到该数字的下方，是这样吧？

		2	9	
		1	8	15
	5	7	14	
4	6	13		4
10	12		3	10
11		2	9	

⬇

18	25	2	9	
17	24	1	8	15	17
23	5	7	14	16	23
4	6	13	20	22	4
10	12	19	21	3	10
11	18	25	2	9	

填好了！这个方法也很有意思。原来迷宫图还可以这样来填写，真是太神奇了！

◆4×4的迷宫制作法

父 我们每次做的都是奇数的迷宫图，4×4的迷宫图也可以做。

子 那要怎么做？

父 在最左上方的空格里填入1，接着按从左到右的顺序依次填入接下来的所有数字。

1	2	3	4
5	6	7	8
9	10	11	12
13	14	15	16

子 那接下来呢？

父 接下来将对角线上的数字按对角线方向对调，移至与原来位置对称的方向。这样每行每列之和都等于34的4×4迷宫图就完成了。

126

1	2	3	4
5	6	7	8
9	10	11	12
13	14	15	16

16	2	3	13
5	11	10	8
9	7	6	12
4	14	15	1

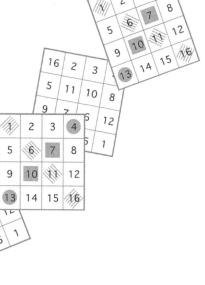

　　下面的游戏与纸牌游戏 "挖红薯" 的规则是一样的。它可以加强加法练习，孩子们都非常喜欢玩。

　　下面我来说说我和孩子们在一起玩时的规则，其实自己在玩的时候也可以自己制定一些规则，很随意。你也可以多尝试一些玩法，使纸牌游戏更加有趣。

1. 需要2～5人。

2. 准备不包括小王在内的53张牌。

3. 每人发7张牌（也可以根据人数情况来决定每人发几张牌）。

4. 将剩下的牌扣在一边。

5. 由父母决定孩子们的出牌顺序。

6. 首先父母任选一张牌出。

7. 其他人按顺序，或者出和这张牌一样大小的牌，或者出几张加起来等于这个数的牌。比如父母出了7，孩子们可以出7，可以出2、5这2张，也可以出2、2、3这3张。

8. 另外，和其他牌一起出的时候，J可以当作1，Q可以当作2，K可以当作3。比如父母出了5，孩子们可以出4、J或3、Q或2、K。

9. 大王可以充当任意大小的牌，而父母在出大王的时候可以任意指定大王的大小。

10. 如果自己手中没有可以出的牌，就从旁边扣着的牌中取一张。

11. 一圈之后，父母接着出牌，像上次一样继续出，这样循环下来，谁手中的牌第一个出完就算谁赢。

12. 等到玩熟之后，如果谁出错，就是出的牌加起来不等于父母所
出的牌的大小，那作为惩罚，要让他从扣着的牌中抽一张，增
加一张他的牌。

27
你可以走过这七座桥吗?

父 你知不知道哥尼斯堡七桥这个问题?

子 嗯? 哥尼斯堡是什么?

父 它原来是欧洲一个很有名的小镇,不过现在已经改了名字,就是俄罗斯的加里宁格勒。

子 那这个哥尼斯堡怎么了?

父 有一条大河流经这个哥尼斯堡小镇,所以在那里建有像下面的图一样的七座桥,因此也就有这个很有名的问题:你可以从任何一处出发,将七座桥全部经过,最终回到出发时的地方吗? 但是不能重复经过同一个地方。

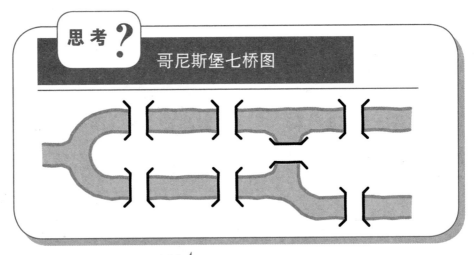

思考？

哥尼斯堡七桥图

子 欸!听起来很有趣，不管怎么样我先试试再说。

父 怎么样？做出来了吗？

子 嗯……太难了，这个真的有答案吗？

父 哈哈！我可没和你说过一定会有答案。

子 啊？难道根本不可能做出来？

父 其实这道题涉及一笔画的问题。

子 是说用笔在纸上不停地画，并且笔画不能重合吗？

父 对，是这样。要解决哥尼斯堡七桥问题，简单来说可以这样。

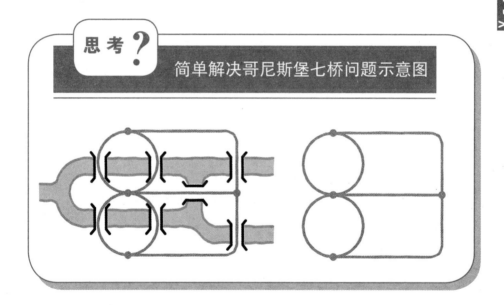

思考? 简单解决哥尼斯堡七桥问题示意图

子 原来是这样做！

父 能够一笔完成这个图的话，也就可以走过那七座桥了。

子 这样啊，但是我刚才已经试过了，还是不行。

父 我们先不要管这个问题，还是先想想什么图形可以一笔就完成。你看看下面的图形中哪些是一笔可以画完的。

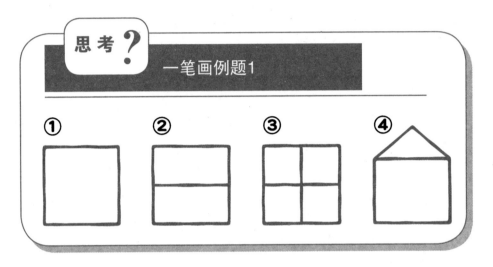

思考？

一笔画例题1

① ② ③ ④

子 第1个可以，第2个也可以，第3个不行吧? 最后一个也可以。

父 很对。那你看看能一笔完成的图形和不能一笔完成的图形有什么不一样的地方。

子 交点不一样?

父 什么意思?

子 3条以上的线相交是一个交点，这样算来，第1个图没有交点，第2个有 2 个，第3个有 5 个，第4个有 2 个。它们里面只有第3个图不能一笔完成，就是说交点是奇数的图应该不能一笔完成。

父 怎么说呢，那你再看看下面这些图。

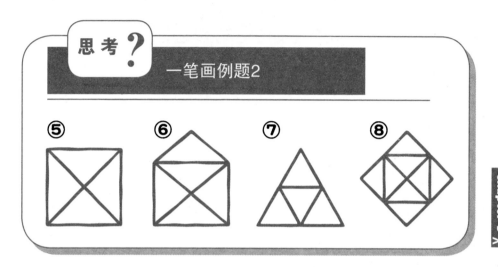

思考?

一笔画例题2

⑤ ⑥ ⑦ ⑧

子 第5个应该不行，第6个可以，第7个也可以，第8个好像不行。

父 对，那么它们的区别你明白了吗?

子 数它们的交点数的话，第5个和第8个是奇数，所以不行。但是第6个和第7个也是奇数却可以，那就不是交点数是奇数的原因了。

父 不过你能想到交点和奇偶数，这已经很不错了。

子 那就是说，真的和交点或者奇偶数有关?

父 嗯，其实一笔画图形从起点出发，最后必须返回到起点，所以都会有一条从出发点开始的线和回到出发点的线。

子 如下图所示，线从A点出发，最后必须返回到A点，所以就有一条从A点出发的线和回到A点的线。

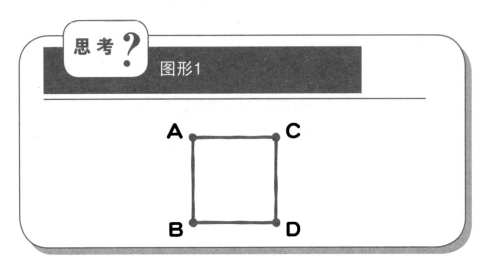

图形1

父 同样的，图中经过的点B、C、D各自也有两条这样的线。

子 嗯，对。

父 那我们再看看下面这幅图，从哪点开始就可以一笔完成?

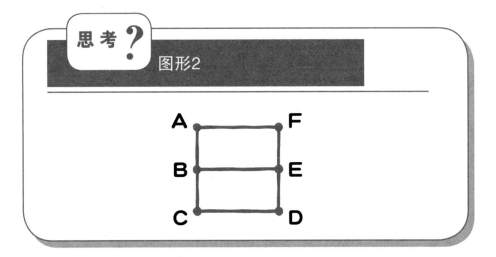

图形2

子 可以从B点开始，最后到达E点。

父 对，在出发点B处有3条线相交，它们分别是"从B点出发的线""返回B点的线""再次从B点出发的线"。同样，终点E也有3条线，知道吗?

子 这3条线应该是"到达E点的线""从E点出发的线"和"最后返回E点的线"吧?

父 对,而其他的点都是只有两条线,一条是到达该点的线,另一条是从该点出发的线。

子 哦,是这样啊,我有点儿明白了。刚才我们所说的交点、奇偶数也就是关于在各点交汇的线的问题。

父 是啊,有奇数条线汇聚的点叫奇数点,有偶数条线汇聚的点叫偶数点。现在你再看看这些图能不能一笔完成。

子 只要算一下每个点有多少条线经过就行。

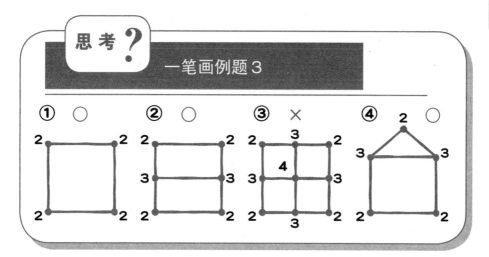

父 做了这个之后,你能发现什么?

子 能够一笔完成的图形,它的各个点都有偶数条线相交,就像第1幅图;或者是其中有两个点是有奇数条线相交,就像第2和第4幅图。是这样吧?

父 那我们再通过其他的图来验证一下对不对。

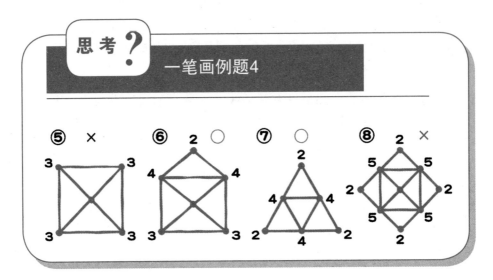

⑤ ×   ⑥ 2 ○   ⑦ ○   ⑧ 2 ×

子 真的是这样！第6幅图能一笔画成，它也是有2个奇数点。第7幅图是全部都是偶数点。

父 对，你观察得不错。

◆一笔画的奥妙所在

父 分析我们前面看过的所有图形可以看出：除起始点和终点外，其他的中间经过点一定都是偶数点。因为中间经过点肯定都是有一条到达该点的线和一条从该点出发的线，它们都是成对出现的。

子 嗯，也就是说，如果是奇数点的话，肯定是"从该点出发""再到达该点""再从该点出发"或者是"到达该点""从该点出发""再到达该点"。

父 对，就是这样。所以说奇数点不是起始点就是终点。

思考**?**

奇数点的特征

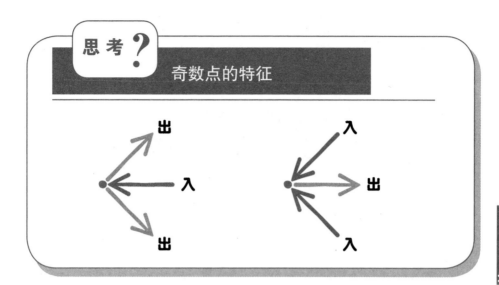

子 但每幅图就只有一个起始点和一个终点，所以一笔完成的图要有奇数点的话，也就只能有两个。

父 对，中间经过的点只能是偶数点，而奇数点不是起始点就是终点。所以能够一笔画成的图不会有多于两个的奇数点。也就是说，如果有奇数点，那么肯定一个是起始点一个是终点；如果全部都是偶数点，那么起始点和终点就是同一个点，从起始点出发，最后还会回到起始点。

子 嗯，全都是偶数点的图，无论从哪点出发都会回到出发点；有两个奇数点的话，从其中一个奇数点出发，最后会到达另一个奇数点。

父 是这样。那你归纳一下一笔能完成的图的特点。

子 一笔能完成的图，要么全部都是偶数点，要么有两个奇数点。全部都是偶数点的图，从哪里开始画起都行，最后都会回到出发点；有两个奇数点的图，从其中一个奇数点画起，最后都会回到另一个奇数点。

👨 总结得很好。那以后无论什么图形，你应该都能自己判断它到底是不是能一笔完成了。

一笔画图

●全部都是偶数点的图形
→无论从哪点画起，最后都将返回起始点。

例图
全部为偶数点的图

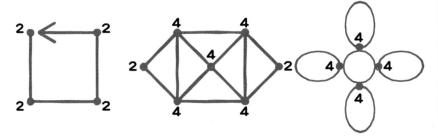

●有两个奇数点的图形
→从其中一个奇数点画起，最后都将到达另一个奇数点。

例图
有两个奇数点的图

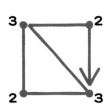
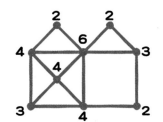
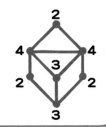

◆哥尼斯堡七桥问题

父 那我们回到一开始的哥尼斯堡渡桥问题上吧。

每个桥只能过一次，而要全部走过这七座桥，最后再回到出发点，可以做到吗？

数一下哥尼斯堡七桥图形中每个点有几条线经过就可以了。

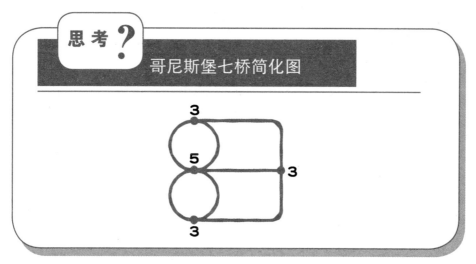

思考？

哥尼斯堡七桥简化图

子 可以看出，图里面的4个点都是奇数点，所以不可能一笔画成。也就是说，每座桥只能经过一次，全部走完这七座桥，最后还要回到出发点，根本是不可能的。

父 对。而且有人就是用这一笔画的思路解决了哥尼斯堡七桥问题。

子 啊？是谁？

父 是德国数学家欧拉。他在解决哥尼斯堡七桥问题之际，于1736年发表了关于一笔画理论的研究。

父 听说你参加了这次运动会的接力比赛？

子 嗯，缺一个人，最后大家用抽阿弥陀签*来决定谁去，我抽中了。

父 抽阿弥陀签啊，说起来你知道阿弥陀签为什么叫阿弥陀签吗？

子 难道不是因为它像"网"（日语发音"阿弥"有网的意思）一样四面分散？

父 没猜对，阿弥陀签是和阿弥陀佛有关。它看起来不是像阿弥陀佛身后散发的光芒吗？

子 嗯，那种光芒我看到过。

父 那光芒是阿弥陀佛散发出来的佛光。

子 佛光？是光吗？

父 对，是神仙或佛祖才会散发出来的光。室町时代，人们开始做一些像佛光四射那样的签，被叫作阿弥陀签。

---

*阿弥陀签是一种游戏，也是一种简易决策方法，常被当作抽签或者用来决定分配组合。玩法如下：1. 沿纵向画几条平行线，以各条平行线的上端为起点，下端为终点；2. 在相邻的纵线间任意画一些横线；3. 每个人选一个起点往下走，遇到横线则沿着横线走到隔壁的纵线，按照相同的规律继续往下走，最后到达的终点就是抽签的结果。

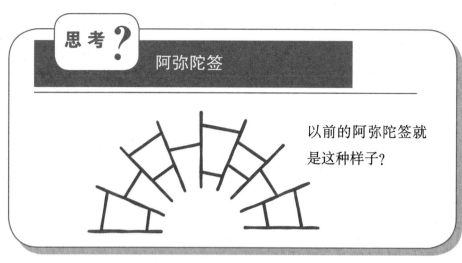

思考？ 阿弥陀签

以前的阿弥陀签就是这种样子？

子 原来阿弥陀签和阿弥陀佛有关啊。

父 那么你知道抽这种签的时候应该如何选吗？

子 这个也有技巧吗？

父 当然，如果你有目标的话，那就选目标正上方的那条线；如果你有想命中的地方，那就选这个地方的正上方。

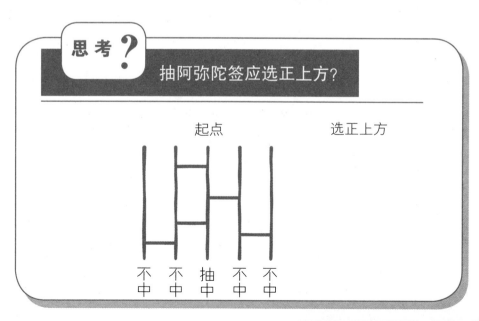

思考？ 抽阿弥陀签应选正上方？

起点　　　选正上方

不中　不中　抽中　不中　不中

141

子 但是走时不一定沿着选中的那条线的下方走啊!

父 当然不可能每次都沿着它的下方走。但是从概率上说,从选中的线的下方走的可能性最大。

子 啊? 为什么是这样?

父 简单来说,阿弥陀签它每次在选中的线下都有左右两个方向,这样向左和向右的概率都是一半,哪边都是50%。

子 那然后呢?

父 接下来的地方也是一样,各自都有左右两个方向的分支,概率是50%的地方,它的左右分支也就分别是25%,以此类推,在选中的线正下方的地方有左右两个分支汇合,25%加25%就是50%。

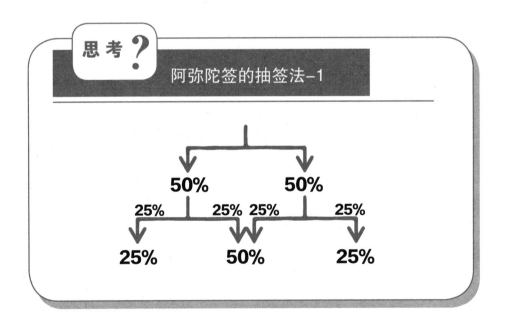

思考? 阿弥陀签的抽签法-1

子 这样啊！所以你刚才说要选就选自己想要到达地点的正上方。反过来也就是不想命中的话，就选正上方以外的地方。

父 不管怎么样，从概率上说是这样。再复杂点儿来说，可以看看下面的图示。

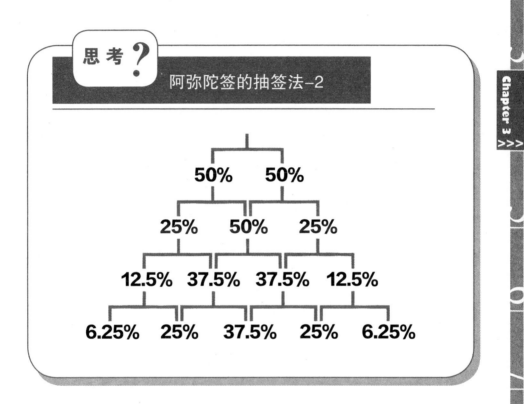

父 这样吧，借这个机会我来教教你阿弥陀签的制作方法。

子 如果是做阿弥陀签的话，你不教我也会做，很简单。

父 当然做阿弥陀签是很容易，但是你随便做的阿弥陀签，如果不实际去试的话，根本不知道哪条线是通向哪里。

子 对啊，如果一看就能看出来，就不能抽签用了。

父 所以我说的是按照你自己的想法，哪条线想通向哪里由自己来决定的阿弥陀签。

子 这种事也可以办到？

父 嗯，虽然自己试一下也可以知道结果，但按照自己的想法做一个简单并且新奇的阿弥陀签也是可以的。

子 哦？太好了，爸爸，赶快教我！

父 那我先说说阿弥陀签的组合问题，你知道为什么阿弥陀签总是会通到其他地方吗？

子 我也觉得很不可思议，为什么它总是会通到其他地方呢？

父 你把它的每条通道都看成一条绳子，这样就容易理解了。比如说有5条纵向的线，就可以看成有5条绳子。

思考❓

阿弥陀签像什么?

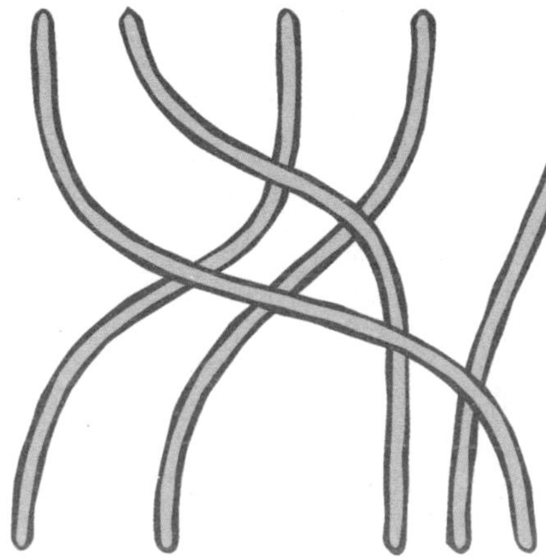

🧒 感觉就像下雨一样。

👨 是啊,阿弥陀签虽然看上去结构错综复杂,但说到底还是相当于一些绳子,每条绳子一定是通向某个地方的。

🧒 这么说是很容易理解,但它看起来并不像绳子。

👨 那我们先分析一下两条线的阿弥陀签。我们可以把两条线的阿弥陀签看成下面图中所画的两条绳子。

145

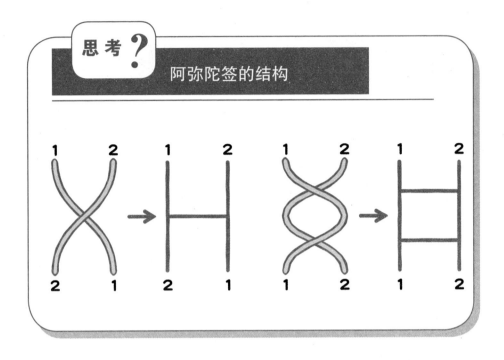

子 这样我就明白了。绳子交错的地方相当于阿弥陀签的横向部分。

父 对，你只要明白了它的结构，就可以按照自己的想法自由制作阿弥陀签了。

◆尝试按照自己的想法制作阿弥陀签！

父 你试着做做3条线的阿弥陀签。

子 先画绳子，是吧？

父 嗯，画好绳子之后，把它变成普通的阿弥陀签形状。不过这时候要注意：不能让3条或3条以上的绳子同时相交于一点。

子 嗯，3条或3条以上的绳子同时相交于一点，横向的线就会重合，那样的话做成的阿弥陀签也会很奇怪。

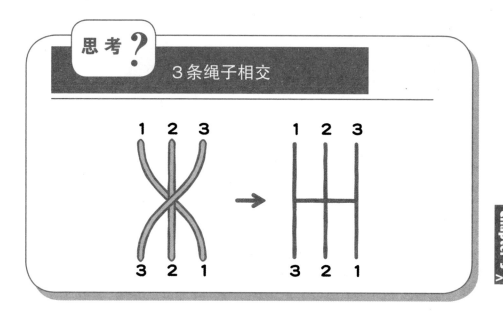

子 那让 1 号绳子向右，2 号绳子向左，3 号绳子放中间。

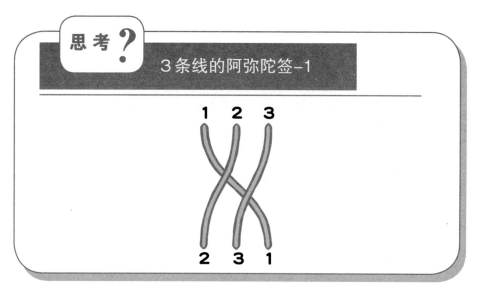

父 接下来把绳子相交的地方标上记号。

子 嗯，在绳子的交点处标记号。

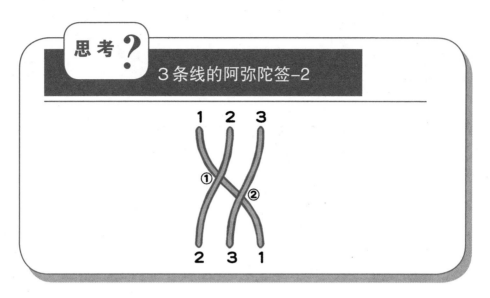

父 标上之后，把它恢复成普通的阿弥陀签形状。

子 横线①在横线②上方，这样就好了。

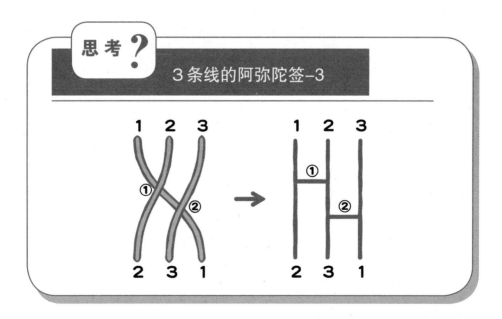

父 接下来你再试试 5 条线的。

子 先是画绳子，接着在交点处标记号，最后根据记号把图变成普通的阿弥陀签形状。

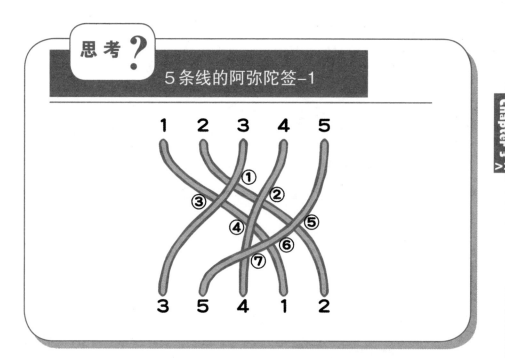

思考？

5 条线的阿弥陀签-1

子 5 条线相交，然后在交点处标上记号，再根据记号画出横线，这样行吗？

您看，不知道应该在哪两条线中间画横线。

父 你只要看看这个点的左右到底有几条绳子就行。比方说交点⑥，它右边只有一条绳子，那它一定是在第3条线和第4条线中间了。

子 对，那这样就可以了。

5条线的阿弥陀签-2

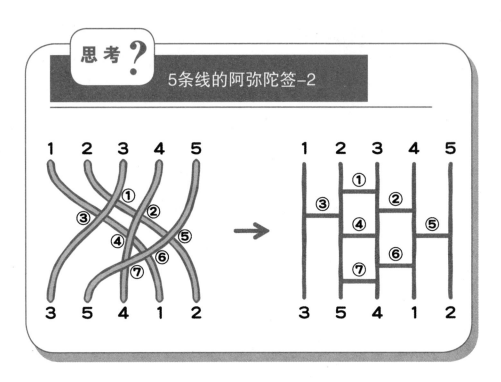

起点

抽中

玩神机妙算游戏

父 玩神机妙算游戏需要一定的推理能力，非常有意思，今天我们就玩这个吧。

子 神机妙算？

父 嗯，是在市场上就可以买到的一种纸板游戏。分为两方，出谜的人选4种不同的颜色或者将4个数字组成一组，然后让对方猜。

子 听上去很有意思。

父 非常好玩，我们高中的时候很迷恋这种游戏。它既考验人的逻辑思维能力，又需要一定的推理能力，而且大人也可以尽情地玩。

子 那之后再怎么样？

父 一般的神机妙算游戏都是两人轮流出谜和猜谜，今天我们是两个人同时出，同时猜，只要准备纸和笔就行了。

子 准备好了。

父 好，开始了。我们两个人同时选4个数字作为一组，谁先猜出对方的数字就算谁赢，接下来一边玩，我一边再解释规则。
不要让对方看到，从1到9的数字中选出4个数字，写下来。

子 比如说1123。呀，对了，每个数字都不能重复使用，是吧？

（父）对，数字不能重复。推测对方的数字也是需要一点儿提示的，所以通常情况下，如果对方猜对数字以及数字的正确位置，我们叫"命中"，只猜到数字没猜对位置叫"一击"，并且要说明是"命中"几个，"一击"击中几个。

（子）"命中"？"一击"？

（父）嗯，是不是有点儿难以理解这两个词的意思？所以我们以前都把"命中"叫"本垒打"，"一击"叫"命中"。这次我们也这么叫。

（子）命中是本垒打，一击是命中，对吧？

（父）是，比方说我自己选了1234，你就猜这4个数字。在什么都不知道的情况下你试着猜猜。

（子）2137。

（父）现在你猜我的1234为2137，其中数字和位置全部猜对的是3，叫1个本垒打；光猜对数字的是1和2，命中2个。

（子）原来是通过这样的提示来猜对方的数字啊。

（父）嗯，各自选了自己的数字，然后决定谁先开始猜，最先猜到的就算赢。

算术游戏　神机妙算的玩法

1. 每人准备一张纸和一支笔。

2. 在对方看不到的情况下，从1到9的数字中选出4个写到纸上。

   （不能像1123、3377这样中间有重复的数字。）

3. 决定谁先猜，谁后猜，然后轮流猜对方的数字。先猜到的一方算赢。

4. 比较对方猜出的数字和自己原来选出的数字，如果数字和位置都猜中，就叫本垒打；如果只是猜中数字，叫命中，同时应该告诉对方是几个本垒打以及命中几次。

自己的数字	1234	
对方推测的数字	2137	1个本垒打，命中2次
	1243	2个本垒打，命中2次

5. 刚开始玩的时候，一组4个数字可能有点儿难，可以尝试一组3个数字，也可以把数字范围限制在1到5之间。

「神机妙算游戏例题」

根据提示，推测一组4个数字。

例题

1234　　　命中2次

5678　　　命中1次

3459　　　1个本垒打，命中2次

9523　　　1个本垒打，命中3次

9352　　　命中4次

31
七巧板是魔法图形？

（父）知道七巧板这种智力游戏吗？

（子）嗯，算术教科书上也有。三角形和四边形组合成的东西吧？

（父）是啊。两百多年前的中国发明了七巧板，然后被传入欧洲，成为世界上都很有名的智力游戏。

（子）哦？中国人发明的啊！

（父）嗯，因为它是由七块精巧的木板组成的，所以中国人把它叫作七巧板。

熟记

七巧板图

父 那你知道这个七巧板中使用的图形形状有哪些吗？

子 三角形和四边形。

父 更准确地说，是2个大的等腰直角三角形、1个稍小一点儿的等腰直角三角形、2个再小一点儿的等腰直角三角形、1个正方形以及1个平行四边形。

子 等腰直角三角形？是三角板的形状？

父 对，再仔细看的话能看出稍小的等腰直角三角形是最大的等腰直角三角形的一半；最小的等腰直角三角形也是稍小一点儿的等腰直角三角形的一半。

子 是啊是啊，而且最小的等腰直角三角形也是其中正方形大小的一半。

父 而且，最小的等腰直角三角形也相当于平行四边形的一半。也就是说，这些图形都可以转化为最小的等腰直角三角形的形状，而且7个图形可以组合成正方形。由于它们大小的不同，可以组合成各种各样的图形，这就是七巧板的魅力所在了。

熟记

七巧板的形状

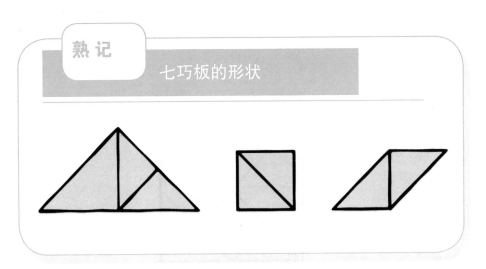

地图上涂有4种颜色？

父 你听说过四色问题吗？

子 没有啊，四色问题是什么？

父 就是无论哪种地图都可以只用4种颜色，这是数学上很难的一个问题。

子 哦？只用4种颜色，什么样的地图都可以吗？

父 嗯，只要相邻的区域颜色不同，4种颜色就足够了。但如果不是接壤的两个区域或是两个区域的相交部分只是一个点的话，相同的颜色也可以。

思考 ？

四色问题图

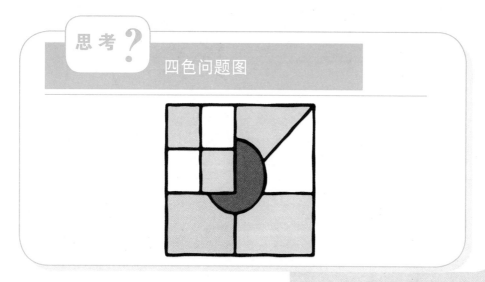

子 不是说这个是数学上的难题吗?

父 是啊,确实是一个难题,很长时间内根本没人能够证明这道难题,但在1996年,美国数学家利用电脑证明了这一点。

子 嗯? 有那么难吗?

父 是啊,表面上看起来是很简单的问题。

你不妨试着用4种颜色涂一下下面这个地图。

思考? 涂地图

父 给你变个魔术，怎么样？

子 嗯？什么魔术？

父 像这样把纸剪成条状，再把两端粘在一起做成一个环。

子 嗯。

父 你觉得如果横着把这个环从中间剪下来，会怎样？

子 那就变成两个环了。

父 对。

思考 ❓

横切环后会怎样？

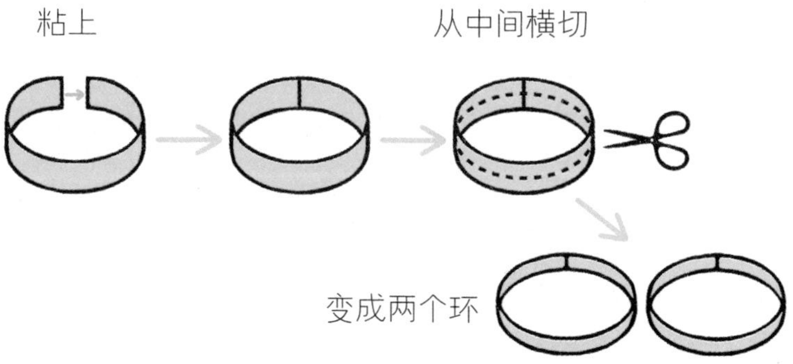

粘上　　　　　　　　从中间横切

变成两个环

159

父 接下来，把两个纸条都拧一圈之后再粘成环状，然后像上次一样再从中间横切下来会怎样？

子 难道不是和刚才一样，变成两个环吗？

父 说是说不清楚的，我们还是亲自试试吧。

思考 **?**

拧一圈后再横切

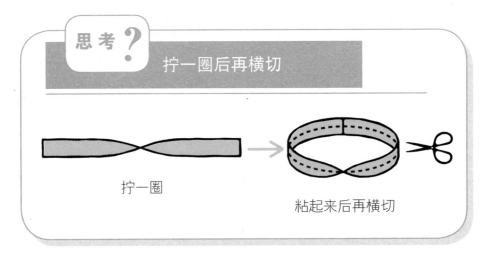

拧一圈

粘起来后再横切

子 啊？和上次的不一样！怎么会变成这样呢？（※到底是什么样，请你亲自试着做一次。）

父 之所以会这样，是因为这个纸条已经没有里外之分了。这种拧一圈之后没有里外之分的环就叫麦比乌斯环。

拧一圈，再粘成一个圈之后，它的里侧和外侧是连在一起的。

子 原来是这样！

父 那拧两圈后做成环，然后再从中间横切下来会怎样？你试试。

子 啊？难道又不一样？真有意思！（※到底是什么样，请你亲自试着做一次。）

但我还是不明白到底是什么原因。

父 不可思议吧？如果你再多拧几圈，结果会更有意思。

另外，如果你把两个纸条粘成十字架形状，再把它们对角和对角粘在一起，形成两个环，接着再从环中间横切下去，你觉得会是什么形状？

子 两个环连在一起的形状？

父 这个你可以亲自试着做一下。

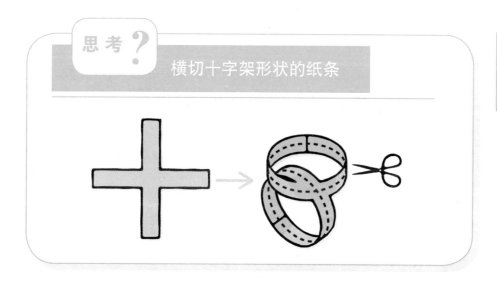

思考？

横切十字架形状的纸条

子 啊！太棒了！竟然会成这样！（※到底是什么样，请你亲自试着做一次。）

父 是啊，剪之前根本不会想出来会是这个样子，但剪完之后也多少能够明白一点儿了吧？

子 是啊，这么说还真是这样。

（父）假如我们有能把很多东西进行变化的盒子，并且假设用📦来表示这种盒子的话，你猜猜下面所说的盒子是指什么？

水→📦→热水

（子）炉子或是微波炉。

（父）水→📦→冰

（子）冰箱。

（父）橙子→📦→橙汁

（子）榨汁机。但这个和算术有关吗？

（父）当然有。数学中的函数就是这样。

例如：3→📦→5、5→📦→7，其中这个盒子是什么？

（子）是加2。

（父）2→📦→10、3→📦→15中呢？

（子）乘5。

（父）5→📦→9、6→📦→11中呢？

（子）加4。

（父）6+4是10，不是11啊。

（子）啊？嗯……

（父）是乘2再减1。

子 啊！原来这样也行啊。

父 嗯，用公式表示就是：📦＝□×2−1。

子 □中是填数字的吧？

父 是啊，如果用初中的函数表示就是2x−1。

子 嗯，我有点儿明白了。

思考？　📦起什么作用？

水→📦→热水

水→📦→冰

橙子→📦→橙汁

3→📦→5、5→📦→7

2→📦→10、3→📦→15

5→📦→9、6→📦→11

㊀ 今天我们说说和形状有关的东西。

㊁ 三角形？四边形？

㊀ 嗯，比如说，桶的盖子为什么是圆的？这可是很有名的一道题，你知道为什么吗？

㊁ 咦？桶的盖子是圆的，这还有原因？

㊀ 当然，不会无缘无故桶的盖子就做成圆的。

㊁ 以前一直都觉得桶的盖子就应该是圆的。

㊀ 但其实其中有很重要的原因。

㊁ 嗯？什么原因？

㊀ 你想想桶的盖子如果是四边形的话，会有什么麻烦？

㊁ 四边形的话也没什么不可以的，就是有棱角，可能比较容易受伤？

㊀ 哈哈哈！这样啊，但你说得不对。

㊁ 知道了！如果是圆的话，朝哪个方向都可以做盖子用；四边形的话，必须和桶的形状吻合才能盖上。对不对？

㊀ 嗯，你想得也对，这确实是圆的的好处，但不能算是该是圆的的理由。

㊁ 嗯？那到底是为什么？

父 如果桶盖是四边形的话，盖子就有可能掉到桶里面去。

子 四边形的桶盖会掉到桶里去？

父 四边形，对角线大于它的每条边，对吧？所以有可能会掉下去。

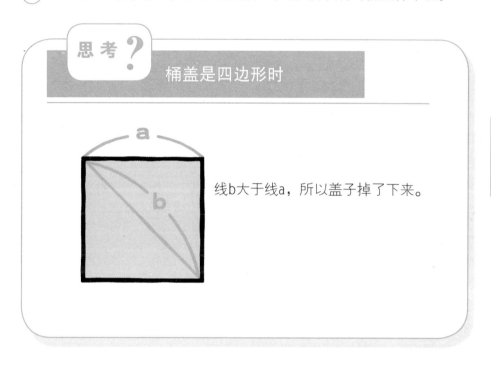

思考？

桶盖是四边形时

线b大于线a，所以盖子掉了下来。

子 对，对，如果把盖子竖放的话就会掉下去。

父 就是因为这个。圆形的盖子就不会出现这样的问题。

父 你见过蜂窝吗？

子 在电视上看到过。

父 那你还记得蜂窝的形状吗？

子 难道蜂窝的形状也是圆的？

父 不是，是正六边形。

子 啊，是吗？

父 是许许多多的正六边形构成了一个大蜂窝。

熟 记

蜂窝

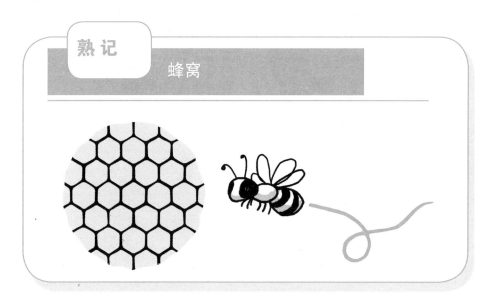

父 蜂窝的这种形状也同样有原因。

子 嗯? 搭起来容易?

父 这得问蜜蜂才知道。其实蜂窝的这个正六边形也是有数学原因的。

子 蜜蜂也懂数学?

父 哈哈哈! 虽然蜜蜂不可能懂数学，但令人惊奇的是，它们能够合理地利用数学知识搭建它们的家。大自然真是不可思议啊。

子 能够想到用正六边形，真是了不起。

父 是啊，周长一样长的情况下，圆的面积是最大的。但是一个一个的圆垒起来的话，中间就会有空隙存在。

子 对对，是这样。

思考 ?

一个一个圆垒起来

圆与圆之间有空隙存在。

父 如果用一个一个的圆垒起来，会有缝隙，这样会增加它们的工作量，那什么形状垒出来没有缝隙呢?

子 嗯……像正三角形、正方形这些啦。

父 是啊，正三角形和正方形垒出来也是没有缝隙的。

思考 ?

用三角形和正方形垒起来

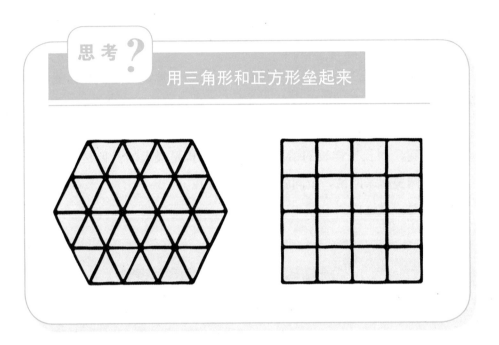

父 这样垒出来是和正六边形一样没有缝隙的。

子 嗯。

父 但其实最重要的原因是，如果它们周长一样的话，正六边形的面积最大。

子 意思是说一个一个的蜂窝连在一起，要使它们之间没有缝隙，而且面积要最大，只能是正六边形，是吗?

父 对，就是这样。

子 蜜蜂真聪明!

第四章 | **强化逻辑思维**

>>>

在分析、解决问题时，要有逻辑性的思维和条理性的分析，这才是人生必不可少的东西。而算术、数学恰好可以锻炼你的逻辑思维能力。

37
诚实村和谎言村

父 你知道诚实村和谎言村吗？

子 好像听说过。

父 可能它太有名了吧。

从前有两个村子，一个村子里住着的全都是诚实的人，另一个村子里住着的全都是说谎的人。在通往两个村子的路上有一个岔路口，一条通向诚实村，一条通向谎言村。一个准备去诚实村的人在岔路口附近遇到一个男人。在不知道这个男人是诚实村的人还是谎言村的人的情况下，要怎么问路才能到达诚实村，而且只能问一个问题。

子 只能问一个问题？

父 嗯。

子 那应该问哪边是诚实村。

父 这样的话，如果那个男人是诚实村的人，那告诉你的就是正确的；如果他是谎言村的人，他告诉你的肯定是错的。

子 这样啊，那就是说只能问无论是真话还是假话，答案都得是一样的问题。

父 对，对，就是这样。

子 难！

父 其实可以问他："去你住的村子里要怎么走？"

这时，如果是诚实村的人，就会告诉你诚实村怎么走；如果是谎言村的人，他告诉你的也是诚实村的方向。

子 啊！原来如此。

思考 ?

诚实村和谎言村

诚实村和谎言村各在哪个方向？

↓

折合成一个问题：诚实村在哪个方向？

↓

说实话和说谎话答案都得一致的话

"你住的村子在哪个方向？"

子 像诚实村和谎言村一样的问题还有吗?

父 嗯,就是所谓的悖论问题,我们今天可以说说这个。

子 悖论?

父 对,悖论就是反论的意思。

子 反论?

父 反论是指看起来是对的,其实是错的;或者看起来是错的,其实是对的。另外也有对错难分的意思。

子 啊?什么跟什么嘛,一点儿都不明白。

父 哈哈哈!我说得太难了。比如说,你知道"矛盾"这个词吧,"矛盾"这个词其实就是以悖论为基础产生的。

子 矛盾?

父 是啊,矛盾就是不符合逻辑,一个说自己游泳很厉害的人又说他不会游泳,这是不是很奇怪?

子 嗯,那矛盾又是指什么?

父 矛盾原来是指矛和盾。中国古代,当时有一个卖矛和盾的商人。那种矛就是一种类似于长枪的、前端带有利刃的武器。

子 嗯，然后呢？

父 这个商人既卖矛又卖盾，而且他还说他的矛可以击穿任何盾；他的盾可以阻挡任何矛。

子 那他说的话不是很矛盾吗？

父 是啊，用可以击穿任何盾的矛去攻击可以阻挡任何矛的盾，矛盾就是这么得来的。

熟 记

悖论与矛盾

悖论

→反论。看起来是对的，其实是错的；或者看起来是错的，其实是对的。另外也有对错难分的意思。

矛盾

→一个商人既卖矛也卖盾。而且他还声称他的矛可以击穿任何盾，他的盾可以阻挡任何矛。

↓

如果用这种矛去攻击这种盾的话……

父 像这种悖论类的题还有很多。

比方说"我在说谎",这道题也是有关悖论的。

子 它里面的什么是悖论?

父 说的是"我在说谎",如果自己真的是说谎的话,那么"我在说谎"这本身就是个谎言。

子 啊,真是这样!

父 如果"我在说谎"这件事本身就是谎言的话,那事实就是我没有说谎;我没有说谎的话,那"我在说谎"这件事就是真的,即我在说谎。那到底是真的还是假的,根本就搞不清。

子 嗯。

父 "不要相信我"这句话也是悖论。

子 如果相信对方所说的这句话的话,也就是不能相信对方;如果不相信对方的话,就是要相信对方;相信对方的话,就是不能相信对方。这不是又回到了起点?

父 对啊。

思考 ?　　　　　我在说谎

如果我说的是谎言的话 ◀

　　　　↓

"我在说谎"这件事本身就是谎言

　　　　↓

即我没在说谎

　　　　↓

我说的是真的

　　　　↓

"我在说谎"这件事是真的，即我在说谎

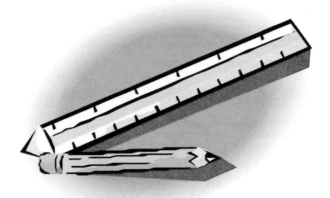

40
狮子与兔子

父 有这样一个故事，有一只兔子被狮子给抓住了，眼看自己就要被吃掉。于是兔子对狮子请求道："如果我能猜到你接下来要干什么，你就放过我并且帮帮我好吗？"狮子根本不相信兔子能猜到他接下来要干的事情，于是就答应了。兔子对狮子说了什么？

子 这简单，我知道。

　兔子对狮子说："你接下来要吃掉我。"

父 对，那接下来呢？

子 如果狮子接下来要吃掉兔子的话，那兔子就猜中了，狮子就必须放过兔子。

父 如果狮子不吃兔子呢？

子 那兔子就猜错了。但如果狮子打算再吃兔子的话，兔子就还是猜中了，这样狮子就又不能吃兔子了。

父 嗯，就是说无论狮子多想吃兔子，它都不能吃。

狮子与兔子

"请让我猜猜你接下来会干什么。"
↓
"你接下来要吃掉我。"

如果狮子打算吃兔子 ◄
↓
兔子就猜中了
↓
狮子就不能吃兔子了
↓
狮子不吃兔子的话
↓
兔子就没猜中

41 阿喀琉斯与乌龟

父 "阿喀琉斯与乌龟"也是很有名的悖论题，你听说过吗？

子 不知道。是什么？

父 阿喀琉斯是希腊神话中的英雄，并且以跑得快而闻名。但是连他都追不上跑在他前面的乌龟。

子 为什么？

父 这是因为每当阿喀琉斯跑到乌龟的位置，乌龟就向前挪一点儿，阿喀琉斯再向前，乌龟再挪一点儿。

子 好像是这样。

父 这样一来，每当阿喀琉斯向乌龟处跑的时候，乌龟也会向前移动一下。所以阿喀琉斯总也追不上乌龟。

子 这么说起来好像是追不上，但事实上很快就可以追上，是吧？

父 对啊，这是芝诺有名的悖论理论。芝诺是古希腊哲学家，他提出的悖论题把当时的数学家都给搞糊涂了，我们就更不用说了，连数学家都不一定搞得清楚。

子 真是越想越糊涂。

思考 **?**

阿喀琉斯与乌龟

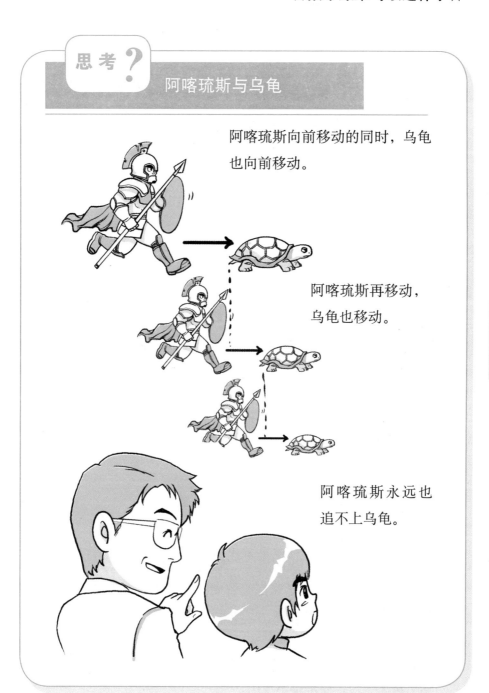

阿喀琉斯向前移动的同时，乌龟也向前移动。

阿喀琉斯再移动，乌龟也移动。

阿喀琉斯永远也追不上乌龟。

179

42
秃头与沙山

父 "只要有一根头发就不能说是秃头"，这个悖论题听说过吗？

子 啊？那是什么？

父 为什么说"只要有一根头发就不能说是秃头"呢？如果不是秃头的话，即使从头上拔下一根头发，他也不会成为秃头。

子 嗯。

父 所以说，接着再从他头上拔一根，他还是变不成秃头。也就是说，从不是秃头的人头上一根一根地拔下一些头发，他还是变不成秃头。

子 对啊，是这样。

父 看来，不拔掉所有的头发是变不成秃子的。

子 真有意思。

父 那你再听听这个，"沙子堆不成山"这个怎么样？和刚才的正好相反。

子 沙子堆不成山？

父 是啊，一粒沙是堆不成山的。

子 嗯。

父 然后再加一粒，还是堆不成山。

子 对，对。

父 这样一粒一粒地加下去，还是永远都堆不成山。

子 确实是这样啊，我们不知道堆到什么程度才算是山，也不知道拔到什么时候才算是秃头。

秃头与沙山

只要有一根头发就不能说是秃头

如果不是秃头，即使从头上拔下一根头发，也不会成为秃头

↓

再拔一根，还是变不成秃头

↓

从不是秃头的人头上一根一根地拔下一些头发，还是变不成秃头

↓

只有在把头发全部拔掉之后才是秃头

沙子堆不成山

一粒沙堆不成山

↓

然后再加一粒，还是堆不成山

↓

再加一粒、两粒、三粒，还是堆不成山

↓

这样一粒一粒地加下去，还是永远都堆不成山

这是一个著名的古代智力游戏。你玩过吗?

一艘船，一个男孩、一只狼、一只狐狸，还有一个卷心菜要乘船到河对面。

游戏规则

1.准备4张小纸片，分别写上男孩、狼、狐狸和卷心菜。

2.把4张纸片发给孩子们，向他们说明下面的游戏规则。

·每一次船只能载男孩和其他三个中的一个。

·男孩不在场的时候，狼和狐狸一起的话，狐狸会被狼吃掉；狐狸和卷心菜一起的话，狐狸会吃掉卷心菜。

·如何使他（它）们都能乘船渡过去?

答案1

·男孩先载狐狸过河

（狼·卷心菜）（男孩·狐狸）

·放下狐狸，男孩返回

（男孩·狼·卷心菜）（狐狸）

·男孩再载狼过去

（卷心菜）（男孩·狼·狐狸）

·男孩再把狐狸载回→关键!

（男孩·狐狸·卷心菜）（狼）

· 男孩载卷心菜过去

（狐狸）（男孩·狼·卷心菜）

· 男孩返回

（男孩·狐狸）（狼·卷心菜）

· 男孩载狐狸过去

答案2

· 男孩先载狐狸过河

（狼·卷心菜）（男孩·狐狸）

· 放下狐狸，男孩返回

（男孩·狼·卷心菜）（狐狸）

· 男孩载卷心菜过去

（狼）（男孩·卷心菜·狐狸）

· 男孩再载狐狸返回→关键！

（男孩·狼·狐狸）（卷心菜）

· 男孩载狼过去

（狐狸）（男孩·狼·卷心菜）

· 男孩返回

（男孩·狐狸）（狼·卷心菜）

· 男孩载狐狸过去

你玩过吗？

43
喜欢的科目是什么？

父 今天我们来做有关逻辑推理方面的题。

在算术、语文、理科和社会学这四门课中，小张、小王、小李和小刘分别喜欢其中的一门，根据下面的提示分析他们到底喜欢哪一门课。

· 小张喜欢算术。
· 小王不喜欢语文。
· 小刘既不喜欢语文也不喜欢理科。

子 猜他们喜欢的科目？

父 嗯。

子 小张喜欢算术；小刘既不喜欢语文也不喜欢理科，那就是喜欢社会学。

父 对，做得不错。

子 小王既然不喜欢语文，那他喜欢的不是理科就是社会学，但小刘喜欢社会学，那他就只能是理科了。

父 对。

子 剩下的就是小李喜欢的语文了。

184

父 分析得很对。这种问题用表格来分析也就一目了然了。

子 是吗？用表格的话……

	算术	语文	理科	社会学
小张	○			
小王		×		
小李				
小刘		×	×	

小张喜欢的既然不是语文、理科和社会学的话……

	算术	语文	理科	社会学
小张	○	×	×	×
小王		×		
小李				
小刘		×	×	

一看表格就能看出小李喜欢的是语文。

	算术	语文	理科	社会学
小张	○	×	×	×
小王		×		
小李	×	○	×	×
小刘		×	×	

这样的话，小王喜欢的就是理科。

185

	算术	语文	理科	社会学
小张	○	×	×	×
小王	×	×	○	×
小李	×	○	×	×
小刘	×	×	×	

最后，小刘就是社会学了。

	算术	语文	理科	社会学
小张	○	×	×	×
小王	×	×	○	×
小李	×	○	×	×
小刘	×	×	×	○

（父）对。那我们再做一道题。

在足球、篮球、网球和垒球中，同样，小张、小王、小李和小刘分别喜欢其中的一种，根据下面的提示分析他们到底喜欢哪一种。

· 小张不喜欢网球。

· 小王不喜欢足球。

· 小王和小李都是既不喜欢篮球也不喜欢网球。

（子）用表格来做的话：

186

☆数学原来可以这样学☆

	足球	篮球	网球	垒球
小张			×	
小王	×	×	×	
小李		×	×	
小刘				

小王喜欢垒球，小刘喜欢的是网球。

	足球	篮球	网球	垒球
小张			×	
小王	×	×	×	○
小李		×	×	
小刘			○	

真的耶！用表格的话一下就清楚了。

	足球	篮球	网球	垒球
小张	×	○	×	×
小王	×	×	×	○
小李	○	×	×	×
小刘	×	×	○	×

187

44
数学考试成绩

父 下面做这道题。

关于数学考试成绩，一郎、二郎、三郎和四郎分别说了下面的一些话，但是他们每个人都说了一半的谎，那么他们的成绩到底是多少？

一郎说："二郎是80分，三郎是70分"。
二郎说："一郎是90分，四郎是60分"。
三郎说："一郎是80分，二郎是60分"。
四郎说："二郎是90分，三郎是80分"。

子 这道题也可以用表格做吗？

父 用表格做比较好吧。

子 用表格的话：

	一郎	二郎	三郎	四郎
一郎		80分	70分	
二郎	90分			60分
三郎	80分	60分		
四郎		90分	80分	

接下来应该怎么做？

父 你自己想想。

先假设一下，从不合逻辑的地方开始。

子 假设？说了一半的谎是说他们的话中前半句是真，或是后半句是真？

父 对。

子 如果一郎说的二郎得了80分是假的话，三郎得的70分就是真的。那接下来四郎说的三郎得的80分就是假的，二郎得的90分就是真的。

	一郎	二郎	三郎	四郎
一郎		80分 ×	70分○	
二郎	90分			60分
三郎	80分	60分		
四郎		90分○	80分 ×	

这样的话，三郎说的二郎得的60分就是假的，一郎得的80分就是真的。

	一郎	二郎	三郎	四郎
一郎		80分 ×	70分○	
二郎	90分			60分
三郎	80分○	60分 ×		
四郎		90分○	80分 ×	

然后，二郎说的一郎得的90分就是假的，四郎得的60分就是真的。行了！

	一郎	二郎	三郎	四郎
一郎		80分 ×	70分 ○	
二郎	90分 ×			60分 ○
三郎	80分 ○	60分 ×		
四郎		90分 ○	80分 ×	

父 一郎80分，二郎90分，三郎70分，四郎60分。

子 完全正确！

父 下来我们要做的是找硬币的问题。

9枚硬币中混有1枚重一点儿的硬币，但它们从外表看是一样的，如何用盘式天平在最短的时间内找出那个重一点儿的硬币呢？最少需使用几次天平？

子 知道了。先是4枚4枚地放上去，如果天平没有倾斜，那剩下来的就是那枚重的硬币。如果天平倾斜的话，那么重一点儿的那枚硬币就在倾斜的那一边，接下来再把这4枚硬币两两分开放置在天平两端，重的那枚硬币就在倾斜的那一边。接着再把这两枚硬币分别放置在天平两端，倾斜的一边就是要找的那枚硬币。

如果倾斜，要找的硬币就在倾斜那端　　　　如果保持平衡，剩下的那
枚硬币就是要找的那枚

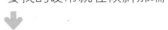 ➡ 如果倾斜，要找的硬币就在倾斜那端

 ➡ 如果倾斜，要找的硬币就在倾斜那端

父 你的这种方法得用3次天平才能找出来，是吧？

子 嗯。

父 其实用2次就可以找出来。

子 只要2次？

父 对啊，做这种题的时候，应该考虑它的极端情况。如果是2枚硬币
的话一下就能分辨出来，那如果是3枚硬币的话呢？

子 3枚的话，就要在天平两端各放一枚，不倾斜的话，那剩下的那枚
就是；倾斜的话，倾斜的那边就是。

父 对啊，就是这样想。

子 咦，用这样的方法？

啊！知道了，把9枚硬币3枚3枚地分成3组，然后再用刚才的方法。

192

父 那应该怎么做?

子 先在天平两端各放3枚硬币,不倾斜的话,那枚硬币就在剩下的一组中,倾斜的话,就在天平倾斜的那一边。不管它在哪一边,都是要从3枚硬币中找,只要用刚才的方法,在天平两端各放一枚,不倾斜的话剩下的那枚就是;倾斜的话,倾斜的那一边就是。

父 对,这样的话就只需要称2次就行了。

如果保持平衡,那枚硬币就在剩下的那3枚
中;如果倾斜,就在倾斜的那一端

如果保持平衡,剩下的硬币就是要找的那枚;
如果倾斜,那枚硬币就在倾斜的那一端

193

46
石头剪子布必胜法

父 你知道石头剪子布怎么出，赢的概率会大点儿？

子 这还有技巧？

父 当然有啦。玩的时候不是先说"石头"，大家都出了石头之后才正式开始的吗？

子 对，然后呢？

父 出了石头之后再出什么，这才是关键。事实上，研究表明：玩石头剪子布的时候，人们一般出的都和他前一次出的不一样。

子 哦？

父 因此，在出完石头之后，出什么比较好呢？

子 既然人们不习惯和前一次出的一样，那就是说接下来，对方极有可能出剪子和布。所以，如果我出剪子的话，对方如果也是剪子，那就是平手；如果对方是布，那我就会赢。

父 就是这样。那如果你们都出剪子，打成平手，接下来再出什么比较好呢？

子 出了剪子，那接下来对方很可能出石头或布，所以如果我出布的话，对方出布是平手，对方出石头，我就赢了。

父 对。总结来看，如果游戏开始的时候，大家说了"石头"，那之后应该出剪子，剪子打和之后，再出布。石头、剪子、布，以这样的顺序出的话，赢的可能性就更大。

 这样啊！但是如果对方没有变，出的和上次一样的话，那就铁定输了。

 说是这么说，但很少有人会这么做。我觉得这种方法还是可以试试的。而且，在玩之前，也可以规定说："不能连续出一样的。"这样就肯定不会输了。

熟记

石头剪子布必胜法-1

先是石头

    ↓接下来

对方很可能出剪子或布

    ↓

所以出剪子赢的概率更大

如果对方也是剪子，打和之后

    ↓接下来

对方很可能出石头或布

    ↓

所以出布赢的概率更大

◆ 直接出石头剪子布时

 如果开始玩的时候不喊"石头"，直接就出石头剪子布，也有其他方法。

 其他方法？

 也有调查结果显示：在直接玩石头剪子布的时候，人们一般习惯于出石头或布，而不习惯出剪子。

子 这样啊，是因为剪子比画起来比较难吧？

父 嗯，在一瞬间要比画出剪子来是比较麻烦，所以出石头和布的人比较多。

子 这样的话，我只要出布就行了？

父 对，因为对方很可能出石头或布，所以你出布的话赢的可能性就很大。如果对方也出布，你们打成平手的话，那就用刚才说过的那种办法。

子 出布，打成平手的话，对方出剪子或石头的可能性很大，所以接下来应该出石头。

父 对，就是这样。

熟记

石头剪子布必胜法-2

直接玩石头剪子布时
　　↓
对方很可能出石头或布
　　↓
所以出布赢的概率更大
如果对方也是布，打和之后
　　↓接下来
对方很可能出石头或剪子
　　↓
所以出石头赢的概率更大
如果对方也是石头，打和之后，就采取和上面一样的方法

47 怎样合理地切分蛋糕?

父 比方说这里有一大块花式蛋糕,怎样分给两个人,使他们都满意。

子 把蛋糕切成两块,然后再石头剪子布。

父 这种方法可以是可以,但如果不用猜拳或抽签等方法,而是考虑切蛋糕的方法呢?

子 用天平称,让两份蛋糕一样重。

父 如果没有天平呢?不要想那么复杂的方法,想得简单点儿!

子 嗯……不管怎么样,肯定要分成两块吧?

父 嗯,分给两个人,最后肯定是分成两块。

子 分成两块,还得让两个人都满意?

父 如果正好切成一样大小的两块的话,肯定两个人都满意,但恐怕这个很难做到,那还有其他什么方法能让两个人都满意呢?

子 嗯,正好切成一样大小是很难。
有了!两个人一起切不就行了?

父 这个可以,但要如何来切呢?

子 一个人来切,一个人来选。

父 什么意思?

子 两个人中,其中一个人切蛋糕,另一个人先选他要哪一块,这样就没意见了吧?

对了。这种方法也适用于其他方面，所以以后你要记住，先是尽可能公平地切，然后让另一个人选。

思考？

友好地切分蛋糕

如何将一块花式蛋糕分给两个人，同时让两个人满意？

↓

让其中一个人尽可能公平地切蛋糕

↓

另一个人先选自己想要的那块

48 淘汰赛和联赛

走进
别样世界

子 下周我们学校有垒球比赛!

父 是淘汰赛还是联赛?

子 淘汰赛和联赛有什么不同?

父 淘汰赛是输掉一场就会被淘汰,而联赛是循环制的。

子 这样说的话,那这次应该是联赛了,5支队循环比赛。

父 5支队循环比赛的话,那总共需要比赛几场?

我们先说最简单的,2支队的话,需要比赛几场?

子 2支队的话,一场就行。

父 3支队呢?

子 比方说有A、B、C 3支队,那就是A对B、A对C、B对C。

父 4支队呢?

子 那就是A、B、C、D 4支队,A对B、A对C、A对D、B对C、B对
D、C对D,总共6场。

父 那怎么用表格来表示这些队数和场数呢?

子 表格的话,可以这样:

队数	2	3	4
场数	1	3	6

（父） 从这个表中你可以看出如果是5支队的话要比赛几场吗？

（子） 10场？

（父） 你是怎么看出来的？

（子） 2支队和3支队是差2场，3支队和4支队是差3场。所以接下来的4支队和5支队就是差4场，6+4=10，对吧？

队数	2	3	4	5
场数	1	3	6	10
差		2	3	4

（父） 做得对，通过表格你已经知道这个规律了，那6支队、7支队的比赛场数你也应该能算出来吧？

（子） 6支队时要比15场，7支队时要比21场。

队数	2	3	4	5	6	7
场数	1	3	6	10	15	21
差		2	3	4	5	6

（父） 如果队数再大的话，比赛场数你还知道吗？比如说100支队？

（子） 100？一下子怎么可能算出来？

（父） 根据它的队数来算它的比赛场数，你如果能发现这种计算方法，那一下子就能算出来。

（子） 是吗？

（父） 你再仔细看看表。

（子） 知道了！现在的队数乘以它前面的队数然后除以2。比方有3支队时，$2×3÷2=3$；4支队时，$3×4÷2=6$；5支队时，$4×5÷2=10$。

是这样吧？

父　对，那把它写成一个式子呢？

子　场数＝（队数−1）×队数÷2。

父　那这下知道100支队时的场数了吧？

子　嗯，99×100÷2=4950。

父　这和初中学概率时要学的组合问题差不多。

子　啊？我们做的是初中的题啊！

思考？　联赛时的比赛场数

用表格来表示队数与场数的关系：

队数	2	3	4	5	6	7	……
场数	1	3	6	10	15	21	……
差		2	3	4	5	6	……

用公式来表示队数与比赛场数的关系：

场数＝（队数−1）×队数÷2

◆ 淘汰赛的比赛场数

父 淘汰赛的比赛场数怎么算，你知道吗？

子 就是输掉一场就会被淘汰吧。

父 嗯，高中棒球比赛，就是夏天的甲子园比赛，就是淘汰赛。
淘汰赛咱们从最简单的2支队算起吧。

子 2支队的话是1场，3支队的话是2场，4支队的话是3场，5支队的话
是几场来着？

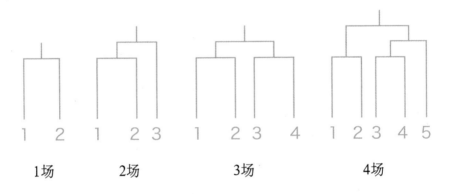

| 1场 | 2场 | 3场 | 4场 |

父 你还是用表格来做吧。

子 用表格来表示队数和场数的话：

队数	2	3	4	5
场数	1	2	3	4

这个比联赛简单多了，比赛场数总是比队数小1。

父 嗯，那你知道原因吗？

子 不知道。

父 淘汰赛是输掉一场就淘汰，最后肯定只剩一个队。所以参加的队
的总数减去最后剩的一个队，就是总的比赛场数。

子 这样啊！

父 嗯，如果有100支队参加，那就需要比99场。

思考?

淘汰赛的比赛场数

用表格来表示队数与场数的关系：

队数	2	3	4	5
场数	1	2	3	4

用公式来表示队数与场数的关系：

场数=队数−1

淘汰赛是输掉一场就淘汰，总的队数减去最后一个队后即为比赛场数。

◆ **巧克力要分几次?**

父 分巧克力就和淘汰赛一样。

子 分巧克力的次数?

父 像 ▢▢ 这样2块的巧克力分成一块一块的话，要分1次，对吧?

子 嗯。

父 像 ▢▢▢ 这样3块的需要分2次吧?

🔵子 对。如果是像 [图]这样的巧克力的话，先分成 [图]和 [图]，这是1次，然后各分1次，总共要分3次。

🔵父 这样 [图]6块的呢？

🔵子 先分成 [图]和 [图]，这是1次，然后各分2次，总共5次。就是说巧克力块数减1就是要分的次数？和淘汰赛算法一样。

思考？ 巧克力要分几次？

[图]→1次 　　 [图]→2次 　　 [图]→3次

[图]→4次 　　 [图]→5次

分巧克力的次数=巧克力块数−1

落语 "时荞麦"

㊉ 知道"时荞麦"这个落语*吗？

㉣ 嗯？没听说过啊！

㊉ "时荞麦"可是落语中很经典的段子。

㉣ 说的是什么？

㊉ 是说有个男人在一家荞麦摊位上吃完荞麦后，付钱的时候打诨，以便可以少付点儿钱。

这个讲的是很久以前的事了，所以用的是文，总共要付16文，他在付钱的时候，这样"1、2、3、4、5、6、7、8"地数，在数到9的时候，他问店主："现在几点了？"店主回答道："9点。"于是，他接着数："10、11、12……16。"这样的话他就可以少付1文钱。

㉣ 哈哈哈！原来是这样。但店主就这样被骗了？

㊉ 笑话嘛。

㉣ 这里说的9点就是我们现在的9点？

㊉ 相当于我们现在的晚上12点左右。

㉣ 这样啊，现在的时间说法也和以前不一样。

---

*落语，日本传统曲艺形式之一，语言滑稽。落语起源于300多年前的江户时期，无论是表演形式还是内容，都与中国的传统单口相声相似。

时荞麦

男：1、2、3、4、5、6、7、8，请问现在几点了？

店主：9点。（在这里差了1文钱）

男：10、11、12、13、14、15、16。

◆稍不注意就会被骗？

父 那你再听听我接下来说的：比如说你有20枚一百日元的硬币，我要向你借一千日元。

子 嗯，我有20枚一百日元的硬币，接下来呢？

父 听好了，"十，九，八，七，六，五百日元，再加一百、两百、三百、四百、五百，总共一千日元，对吧？"

子 嗯，接着呢？

父 哈哈哈！被骗了吧？

子 咦？刚才你说"十，九，八，七，六，五百日元"，啊！知道了，十，九，八，七，六，五百日元，总共是六百日元。

加上后面的"一百、两百、三百、四百、五百"，也是五百日元，那就是一千一百日元了。

父 对，就是这么回事。稍不注意就被骗了吧？

子 嗯，你不说的话，我也没觉得奇怪。

熟 记

稍不注意就会被骗？

一百日元的硬币借一千日元：

"十，九，八，七，六，五百日元，再加一百、两百、三百、四百、五百，总共一千日元"

◆ 壶算

父 落语中关于壶算这种计算方法，也有很有意思的故事。

子 壶算？这里的壶是指那种装水的罐子吗？

父 对，简单来说，落语中的壶算是这样的：比方说你买了一个1000日元的罐子，但因为它有瑕疵，你要求换一个，可是那家店里现在只有2000日元的罐子，于是你决定换一个2000日元的罐子。

子 嗯，接下来呢？

父 如果你说："刚才我在您这里买了一个1000日元的罐子，现在想换一个2000日元的罐子，刚才我已经付了1000日元，再加上这个1000日元的罐子，正好2000日元。"这样你就换了一个2000日元的罐子了。

子 哈哈哈！这样啊，而实际上如果不再付1000日元的话，根本不可能换到2000日元的罐子。

父 对。

熟 记

客人买了一个1000日元的罐子

客人说："刚才我在您这里买了一个1000日元的罐子，现在想换一个2000日元的罐子，刚才我已经付了1000日元，再加上这个1000日元的罐子，正好2000日元。"

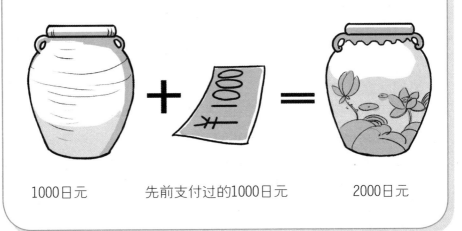

1000日元　　　　先前支付过的1000日元　　　　2000日元

父 这是真实发生的事，很多人都知道，叫"零钱诈骗"。

子 用零钱来迷惑人吗？

父 嗯，利用零钱诈骗。稍不注意就会被骗，这种骗术很高明。

子 他们是怎么做的？

父 比方说有个人买了一块100日元的口香糖，付钱的时候，他掏出一张5000日元的纸币，当收银员把4900日元的零钱放在收银台上的时候，他就将其中的900日元和口香糖装入兜里，这时收银台上就只剩4000日元了。

子 嗯。

父 他手中的5000日元，再加上台上的4000日元，然后又掏出1000日元，正好是10000日元，于是他对收银员说："可以换一张整的10000日元吗？"

子 嗯，然后呢？

父 完了。已经到手了。

子 啊？不明白。

父 是吧？事实上这起事件还是一个外国人操着不太标准的日语对收银员进行诈骗的。一骗一个准。

子 啊？如果是外国人的话，收银员可能会更乱吧？但是，到底是在哪一步错了呢？

父 现在我们当成自己就是那个骗子，我们总共付给对方的钱是一开始拿出来的5000日元，再加上后来拿出来的1000日元，总共是6000日元；而我们现在手上有的是，100日元的口香糖、900日元的零钱、换来的一张整10000日元，总共价值为11000日元。

子 收到了11000日元的东西，却只花了6000日元，投机取巧了5000日元。

父 就是这样。

熟记

零钱诈骗

将100日元的口香糖放在收银台上

↓

拿出一张5000日元的纸币

↓收银员将4900日元放在收银台上

将口香糖和900日元的零钱放进兜里

↓4000日元留在收银台上

再拿出1000日元，加上手上的5000日元，总计6000日元

↓

6000日元加上台上的4000日元，总计10000日元

↓

开口要兑换一张10000日元的整钞

行骗者得到的东西：	行骗者付出的东西：
100日元的口香糖	5000日元
900日元的零钱	1000日元
一张10000日元整钞	

总计：	11000日元	6000日元
差：	5000日元	

图书在版编目（CIP）数据

数学原来可以这样学 /（日）野口哲典著；刘慧，韩丽红译. ——长沙：湖南人民出版社，2014.4（2024.7重印）

ISBN 978-7-5561-0089-7

Ⅰ.①数… Ⅱ.①野… ②刘… ③韩… Ⅲ.①数学—少儿读物 Ⅳ.①O1-49

中国版本图书馆CIP数据核字（2014）第084185号

Ⓒ中南博集天卷文化传媒有限公司。本书版权受法律保护。未经权利人许可，任何人不得以任何方式使用本书包括正文、插图、封面、版式等任何部分内容，违者将受到法律制裁。

著作权合同登记号：18-2014-085

SUGAKUTEKI SENSE GA MINITSUKU RENSHUCHO Ⓒ 2007 by Tetsunori Noguchi
Original Japanese edition published by SB Creative Corp.
Simplified Chinese Character rights arranged with SB Creative Corp.,
through Owls Agency Inc. and Beijing GW Culture Communications Co., Ltd.

上架建议：数学·青少读物

数学原来可以这样学

作　者：	［日］野口哲典
译　者：	刘　慧　韩丽红
出 版 人：	谢清风
责任编辑：	胡如虹
监　制：	刘　丹　张应娜
特约编辑：	谢晓梅
营销编辑：	李　颖
内文插图：	裴爱迪
版权支持：	文赛峰
装帧设计：	利　锐　李　洁
出版发行：	湖南人民出版社 [http://www.hnppp.com]
地　址：	长沙市营盘东路3号
邮　编：	410005
经　销：	新华书店
印　刷：	三河市中晟雅豪印务有限公司
版　次：	2014年6月第1版 2024年7月第9次印刷
开　本：	715mm×995mm　1/16
印　张：	14
字　数：	157千
书　号：	978-7-5561-0089-7
定　价：	32.80元

（若有质量问题，请致电质量监督电话：010-59096394　团购电话：010-59320018）

练习簿

练习簿

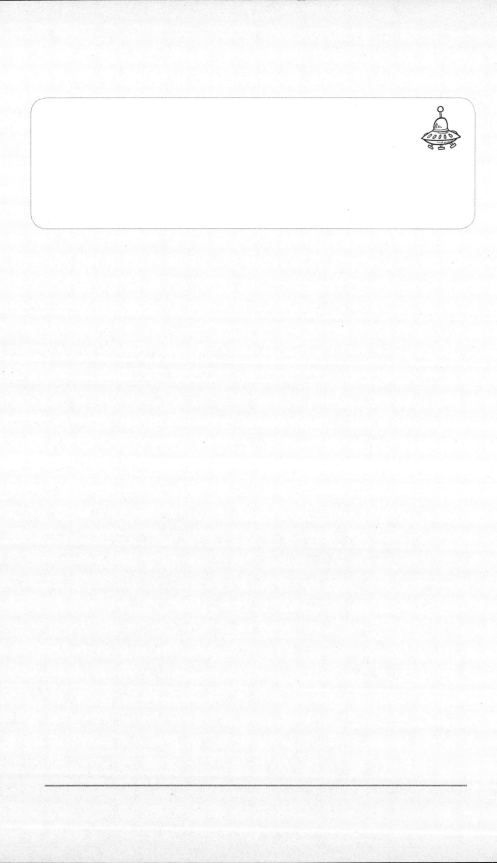